U0158732

新版

小学语文同步阅读

呼风唤雨的世纪

HUFENGHUANYU DE SHIJI

路甬祥——

著

长江出版传媒　长江文艺出版社

目录

卷三
科学的价值

带上思考探秘奇幻无穷的科技世界

浙江省特级教师 施民贵

《呼风唤雨的世纪》是四年级的一篇课文，是一篇经典的科普范文。全篇不足六百字，凝练了百年科技的发展简史。同学们在阅读《呼风唤雨的世纪》这类科普文时，记得带上思考和问题，用上"提问策略"这个深度阅读的有效工具。

瞧，课本提示语写道："一位同学读了下面这篇课文，在旁边和文后写下了自己的问题。"这些问题角度丰富：有针对课文内容提出的，也有从得到的启示角度提出的；有针对局部提出的，也有针对全文提出的。我们也可以在阅读时留下自己的问题。

课后第一题和第二题的"问题清单"，进一步引导我们筛选与思考问题：有的指向课文内容的理解，有的对理解课文的帮助不大，还有的是对课文内容进行批判性思考的问题。这样整理阅读中提出的问题，就能大大提高我们提问的质量。

课后第三题引导我们联系生活实际，理解课文。带着思考，从课内走向课外，走向生活，这样就把书读活了。

读有用的书，读书是有用的。在感叹科技发展、激荡思维同时，我们不妨再透析《呼风唤雨的世纪》全篇，谈谈读写结合，谈谈其对我们写作的启发。

首先，一篇文章要有一个好题目。"呼风唤雨"，这不是孙悟空吗？是的，但不全是。如今，电风扇、鼓风机早已成为人类家庭生活和生产生活的常用品，人工降雨也不再是梦想；什么"千里眼""顺风耳"和腾云驾雾，也不再是孙大圣的专属绝技，现代科学技术奇迹如雨后春笋般地不断涌现……你看，一个"呼风唤雨"，就能让我们浮想联翩。一个好题目，就是这样魅力无穷。

其次，文章的开篇至关重要。第一句"20世纪是一个呼风唤雨的世纪"开宗明义，点明了全文主旨。想一想，如果我们将这个句子，改成"21 世纪是一个呼风唤雨的世纪"，那么，接着是不是就可以讲述本世纪里我国神舟飞船摆渡天河、天官号空间站成功建设，以及"人类移居火星或在 20 年内实现"等种种科技成果和科学预言？一个好开头，就是这样张力无限。

第三，要善于运用对比的写作手法。科技给人类生活带来了哪些美好改变？课文不仅将现在的发展与过去的生活进行了对比，还与神话里的"幻想"进行了对比。试试完成下面的练习吧！

【填表练习】

神话中的"幻想"	科学技术/产品
千里眼	望远镜，监控录像
顺风耳	
腾云驾雾	民航飞机

【仿写练习】

原文：那时没有收音机，没有电视，也没有飞机，更没有宇宙飞船。人们只能在神话中用"千里眼""顺风耳"和腾云驾雾的神仙，来寄托自己的美好愿望。我们的祖先大概谁也没有料到，他们的那么多幻想在现代纷纷变成了现实。

仿写：那时没有_____。
人们只能_____。
现在_____。

这样拓展开来，是不是就能写一篇自己的科普文章了？

经典重读，好课文要反复阅读日读日新；提问策略，好方法要反复实践形成技能。现在，这本书就为你提供了更多的实践机会。本书共分为三卷："历史的启迪""大师的启示""科学的价值"，讲述了科技的发展和科学家的故事，辨析了科学对人类的重要性。

建议同学们把课文中的批注也"搬"到本书，举一反三，运用"提问策略"读好更多的科普文；试试边读边想变动笔，将自己的思考也化为一段段文字吧。

好了，赶紧打开《呼风唤雨的世纪》一书阅读吧！一同走近科技，思考如何利用科技改善生活和环境。相信你读读写写，一定能更好地掌握提问策略，收获更多的科技知识。

卷一　历史的启迪

呼风唤雨的世纪①

　　20世纪是一个呼风唤雨的世纪。

　　是谁来呼风唤雨呢？当然是人类；靠什么呼风唤雨呢？靠的是现代科学技术。在20世纪一百年的时间里，人类利用现代科学技术获得那么多奇迹般的、出乎意料的发现和发明。正是这些发现和发明，使人类的生活大大改观，其改变的程度超过了人类历史上百万年的总和。

　　人类在上百万年的历史中，一直生活在一个依赖自然的农耕社会。那时没有电灯，没有电视，没有收音机，也没有汽车。人们只能在神话中用"千里眼""顺风耳"和腾云驾雾的神仙，来寄托自己的美好愿望。我们的祖先大概谁也没有料到，在最

---

① 本文入选统编小学四年级语文课本，选作课文时有改动。

近的一百年中，他们的那么多幻想纷纷变成了现实。20世纪的成就，真可以用"忽如一夜春风来，千树万树梨花开"来形容。

20世纪，人类登上月球，潜入深海，洞察百亿光年外的天体，探索原子核世纪的奥秘；20世纪，电视、程控电话、因特网以及民航飞机、高速火车、远洋船舶等，日益把人类居住的星球变成联系紧密的"地球村"。人类生活的舒适和方便，是连过去的王公贵族也不敢想的。科学在改变着人类的精神文化生活，也在改变着人类的物质生活。

1923年，英国数学家、哲学家伯特兰·罗素说："归根到底，是科学使得我们这个时代不同于以往的任何时代。"现在，这句话依然适用。回顾20世纪的百年历程，科学的确是在创造着一个又一个神话，科学正在为人类创造着比以往任何时代都要美好的生活。在新的世纪里，现代科学技术必将继续创造一个个奇迹，不断改善我们的生活。

人与自然的和谐发展①

人与自然的关系就是人类文明与自然演化的相互作用。这是人类生存与发展中最基本的关系。一方面，人类可以对自然施加影响和作用。比如，人类需要从自然界中获取能源，索取资源；人类为了生存发展，需要占据自然空间；人类生产和生活中产生出来的废弃物也要排放到自然界中。此外，人类还可以享受自然界提供的生态服务，比如到户外休闲、运动、生态旅游等。

另一方面，自然对人类产生反作用。比如自然灾害对人类正常生产与生活的冲击与破坏。再比如能源限制，像石油、天然气、煤等，都是有限的。

① 节选自 2004 年 2 月 19 日 "树立和落实科学发展观" 专题研究班上的报告《关于统筹人与自然的和谐发展》。

还有资源限制，比如水资源、土地资源等所能供养的人口数量是有限的。自然所能给人类提供的空间也是有限的，地球上并不是所有的地方都适合人类生存，即使是适合人类生存的地方，一定的空间也只能容纳一定数量的人类生存与发展。此外，人类要向自然排放废弃物，而自然吸收分解废弃物的数量和种类有一定的限度。例如，虽然自然界可以吸收和分解 CO_2，但是当 CO_2 的浓度超过一定限度时，自然界就无法全部吸收，这样就会产生温室效应等现象，导致全球温度的上升；另外，有些人工废弃物，自然界中根本就无法吸收和分解，像我们日常用的聚乙烯塑料袋，一些制冷设备产生的氟利昂等，自然界就无法吸收和分解。人类的活动所导致的生态破坏往往不能逆转，最终也会限制人类的生存与发展。

自从工业化以来，在人与自然的关系中，人类已经处于主动地位，也就是说，人类成为影响自然的主要因素。当人类的行为违背自然规律，当资源的消耗超过自然承载能力，污染排放超过环境容量时，就会造成人与自然关系的失衡，使得自然界时常对人类的活动产生反作用。然而，人类发展到了今天，已经具备了对于自然界的全面深刻的认识，具备了合理利用自然的工具，特别是已经具备了调整自身影响自然的能力。因此，人类只要全面深刻认识自然规律，并自觉地按照自然规律办事，人类就一定能够科学合理地利用自然，主动调整自身的行为，从而实现人与自然的和谐发展，实现人类的可持续发展，实现保持自然环境良好情况下的生活改善和提高。

历史经验昭示，人与自然的关系经历了从和谐到失衡，再到新的和谐的螺旋式上升的过程。而不断追求人与自然的和谐，实现人类社会全面协调可持续发展，则是全人类共同的价值取向和最终归宿。正如革命导师马克思所说："社会是人同自然界完成了本质的统一，是自然界真正的复活。"恩格斯也说过："我们连同我们的肉、血和头脑都是属于自然界、存在于自然界的；我们对自然界的整个统治，是在于我们比其他一切动物强，能够认识和正确运用自然规律。"

在整个人类社会的发展历程中，人与自然的关系随着经济社会的发展不断发展进化。首先，随着人类社会生产力的不断发展，人类开发利用自然的能力不断提高，人与自然的关系也不断遇到新的挑战。其次，人类在自然的"报复"中不断学习，积累经验，不断深化对自然规律的认识。在不同的历史时期，人与自然的关系所面临的问题不同，人与自然和谐的内涵也不尽相同，和谐与否，如何实现和谐，取决于人类当时的认识水平和生产力水平。

在原始社会，人与自然曾保持了一种原始的和谐关系。当时，人类以采集狩猎为生，社会生产力水平十分低下。由于天然食物供给的有限性和不均衡性，人类为了生存，不得不聚居在自然条件优越、天然食物丰富的区域，并只能采取利用原始技术获取基本生活资料的生产方式，生产能力仅能维持个体延续和繁衍的低水平物质消费方式，同时，形成了以家庭与部落为主的社会组织形式，人口数量与平均寿命都很低。当时人类是被动地适应自然，人与自然处于原始和谐状态。

在农业社会，人与自然的关系在整体保持和谐的同时，出现了阶段性和区域性不和谐。与原始社会相比，农业社会的生产力水平有了很大的提高，产生了以耕种与驯养技术为主的农业生产方式，形成了基本自给自足的生活方式，以及以大家庭和村落为主的社会组织形式。随着人口数量的增加，活动范围的不断拓展，人类在利用和改造自然的同时，出现了过度开垦与砍伐等现象，特别是为了争夺水土资源而频繁发动战争，使得人与自然的关系出现了局部性和阶段性紧张。但是从总体上看，人类开发利用自然的能力仍然非常有限，人与自然的关系基本保持相对和谐。

在工业社会，人类占用自然资源的能力大大提高。人类活动的空间不再局限于地球表层，已经拓展到地球深部及外层空间。科学技术与工业发展创造的新知识、新技术和新产品，极大地降低了死亡率，延长了人的寿命，促使世界人口急剧膨胀。例如，从1950年到2000年，在50年中，世界人口的数量就由25亿增加到60亿。工业社会创造了新的生活方式和消费模式，人类已不再满足于基本的生存需求，而是不断地追求更为丰富的物质与精神享受。

但是，工业社会的发展严重依赖不可再生资源和化石能源的大规模消耗，造成污染物的大量排放，导致自然资源的急剧消耗和生态环境的日益恶化，人与自然的关系变得很不和谐。尤其是近50年来，人与自然的紧张关系在全球范围内呈现扩大的态势。首先是因为人与自然的相互作用模式比以往任何时候都更加复杂多样，协调人与自然的关系更为困难。其次是因为发达国家在实现工业化的过程中，走了一条只考虑当前需要而忽视他国和后代利益、先污染后治理、先开发后保护的道路。再者是因为通过市场化和经济全球化，发达国家的生产方式和消费模式在全球扩散；加上由于国家与区域间经济社会发展的不平衡，发展中国家往往难以摆脱以牺牲资源环境为代价换取经济增长的现实，往往面临着资源被进一步掠夺、环境被进一步破坏的严峻局面。

综观整个社会发展史我们可以发现，人类对于自然的每一次不合理使用，都导致了自然界做出报复性的反应。正如恩格斯告诫我们的："我们不要过分陶醉于我们对自然界的胜利。对于每一次这样的胜利，自然界都报复了我们。"

在工业社会，自然界就严酷地报复了人类，工业社会所产生的环境公害，最终导致人类本身也成为受害者。1952年12月5—8日，英国伦敦因煤烟和汽车尾气污染，导致4000人死亡。最严重的时候，殡仪馆甚至没有棺材，学生上学找不到校门。

1955 年 9 月，美国洛杉矶，因汽车尾气造成光化学烟雾污染，两天之间，400 多位 65 岁以上老年人死亡。

从 20 世纪 50 年代到 70 年代，在日本腾飞期间，由于不注意环境问题，盲目发展，一些地区因甲基汞污染水源，通过食物链富集，使人患上水俣病。20 年的时间里，受污染地区有上百人死亡，并时有畸形儿和痴呆儿出生。

1984 年 12 月，印度博帕尔市因农药厂化学原料泄漏，导致 1408 人死亡，2 万人严重中毒。

1986 年，苏联乌克兰地区的切尔诺贝利核电站发生核泄漏，导致 31 人死亡，周围 10 公里农田无法耕种，直径 100 公里范围内无法生产牛奶；迄今，有 3 万人因此患上癌症。

除了上面提到的环境公害问题外，在工业社会，还产生了一些全球环境问题。近 100 年是过去 1000 年中地球平均温度最高的 100 年。工业社会产生的 CO_2 浓度明显增高，导致地球出现温室效应。在过去 100 年的时间里，北半球的年平均温度上升了至少 $1℃$。仅 30 年的时间，一些地区的冰川就出现了明显的退缩。

工业生产排放出来的二氧化硫等酸性物质的浓度大幅度增加，产生酸雨。欧洲几乎所有国家都受到过酸雨的侵害。酸雨不仅导致森林毁坏，而且造成森林、草原和湖泊中的生物大量死亡。另外，需要补充的是，我国目前已经成为世界酸雨严重的地区，受酸雨影响的国土面积占国土总面积的 1/3 左右。

人口增加、资源需求上升等原因，导致世界的森林面积锐减。现在工业化起步最早的欧洲几乎已经没有原始森林，世界各地的原始森林也几乎砍伐殆尽；在人类已砍伐的森林中，有 75% 是在 20 世纪砍伐的。

过度开垦等原因造成土地荒漠化。现在，全球每年数千公顷农田因荒漠化而几乎无法继续耕种，占全球陆地 1/3 面积的干旱地区正在承受沙漠化的威胁。

自然环境的缩小和破坏导致生物多样性减少。现在生物物种正以超过自然速率 100—1000 倍的速度消失，这是自 6500 万年前白垩纪恐龙灭绝以来，动植物灭绝数量最大、速度最快的时期。

环境污染是工业社会造成的最主要的环境问题，

规模之大、影响之深是前所未有的，现在地球上几乎找不到一块未被污染的"净土"和"洁水"。无论是深海中的鱼类，还是生活在南极北极的动物，都难逃被污染的厄运。

随着工业文明的发展，日趋严重的人口资源环境问题迫使人们深刻反思人与自然的关系，与之相关的研究也应运而生。1962 年，美国海洋生物学家蕾切尔·卡逊出版了《寂静的春天》一书，用触目惊心的案例、生动的语言阐述了大量使用杀虫剂对人与环境产生的危害，深刻揭示了工业繁荣背后的人与自然冲突，对传统的"向自然宣战""征服自然"等理念提出了挑战，敲响了工业社会环境危机的警钟。

1972 年，由科学家、经济学家和企业家组成的民间学术组织——罗马俱乐部发表了《增长的极限》研究报告，尽管该报告中的观点有些片面和悲观，但其中提出的自然界的资源供给与环境容量无法满足外延式经济增长模式的观点，依然警示了人们。同年，联合国发表了《人类环境宣言》，郑重声明只有一个地球，人类在开发利用自然的同时，也承担着维护自然的义务。1987 年，世界环境与发展委员会发表了《我们共同的未来》，系统阐明了可持续发展的含义与实现途径。1992 年，在巴西里约热内卢召开了联合国环境与发展大会，102 个国家首脑参加了会议。大会讨论通过了两个纲领性文件——《里约环境与发展宣言》和《21 世纪议程》；确立生态环境保护与经济社会发展相协调、实现可持续发展应是人类共同的行动纲领。2002 年，在南非约翰内斯堡召开的联合国可持续发展大会，通过了《可持续发展执行计划》和《约翰内斯堡政治宣言》，确定发展仍是人类共同的主题，进一步提出了经济、社会、环境是可持续发展不可或缺的三大支柱。

技术的进化①

一、生物进化与技术进化的比较

150 年前，英国博物学家查尔斯·达尔文提出了"生物进化论"。达尔文进化论指出：生物物种经历了起源、进化、灭绝的过程；生命通过渐进、突变、重组，适应环境的生命物种生存了下来，不适应的则被淘汰；生命呈现出从简单到复杂、从单一到多样的绚丽图景；后代与祖先既存在着相似性，又存在着差异性；生命的种类、外形、功能、习性等不断呈现出多样化的趋势；环境规定了生命进化

---

① 节选自 2007 年 9 月 8 日 "中国科学技术协会 2007 年学术年会"上的报告《技术的进化与展望》。

的方向与极限；各生命种群间形成了共生、竞争、合作、依存的协同进化关系。

进化论思想的核心是事物随着时间、环境和相互作用而演化，凡具有时间、运动和相互作用属性的事物，都存在着进化的可能，如宇宙、太阳系、地球、生命、人类社会等。

技术是人类生存发展的方式，也是人类观察、认知、利用、开发、保护、修复自然的工具、方法与过程。技术的进化是人类社会进化的重要组成部分，也经历着永无止境的进化过程。

比较技术的进化与生命的进化，其相似性主要体现在：

技术的进化也历经环境和竞争的选择。技术也可经由渐变（改进）、突变（发明）、重组（系统集成）而进化；技术也要经受社会与市场环境的选择，适应的得以传承与发展，不适应的则被淘汰或边缘化；技术的发展不仅需要适应于人类的生产与生活之需要，还要适应市场竞争的选择，也受到社会意识形态，包括宗教信仰、价值观念、文化与道德理念等影响。例如：在古希腊文明时期的某些先进技术，由于当时社会需求、价值观念的局限，直到文艺复兴时期才得以在欧洲传播普及。16—17世纪，阿拉伯地区和中国虽然都已经基本具备了发生工业革命的科技基础，但由于政治经济制度与文化观念等原因，致使科学革命和工业革命最终发生在欧洲。

技术的进化经历了渐变与突变的过程。随着人类知识的积累、发展与普及，技术进化向着结构精细化、功能多样化、使用便捷化和性能价格比优化的方向发展。技术的进化进程既存在着渐变性，也存在着突变性，并呈现出时空进程与分布的不均衡性。在人类历史的不同阶段，曾经出现过不同的技术进化中心：公元前5世纪以前，埃及、两河流域、印度德干地区和恒河流域、古代中国等，技术创新成就斐然；公元前6世纪—公元5世纪，是古希腊古罗马文明昌盛时期；9—12世纪，是阿拉伯文明繁荣时期；5—15世纪的中世纪，是欧洲技术停滞时期；在3—18世纪的1500多年中，中国在相对封闭情况下创造并延续了文明。17世纪科学革命和18世纪工业革命时期，欧洲成了世界技术进步的中心，自此，欧洲的先进技术开始向全世界扩散，近现代技术进化的速度也越来越快。

技术进化还呈现出相似性和多样性的特征。

（一）相似性：起源地不同，但技术的形式相似——有些技术的起源地虽然不同，但存在着明显的趋同现象。

（二）多样性：类似的技术发源于不同的地区——功能相同，但其形式各异，技术进化也存在着明显的多样性。

技术的发展表现出协同进化的特征。技术发展与社会进步之间相互依存且相互促进：技术发展推动了经济增长与社会进步，经济力量的增强和文明程度的提高，对技术进化提出了新的需求，也使得社会具有更强大的能力和积极的意识增加科技创新投入和教育投入；从物质条件和人才基础等多个方面支持技术的发展，为技术进化注入了新的活力与动力。

相关的技术，在进化过程中相互影响、相互作用、协同发展，例如：车辆与道路，空天飞行器与导航技术，计算机与微电子芯片等。

一些技术的进化有赖于另一些相关技术的进步。例如，通信技术发展有赖于材料、先进制造、计算机技术等进步。

在知识经济时代，技术的发展更有赖于科学和文化的发展，并与国家、地区的政治、经济体制密切相关。

技术是人类创造的产物，技术进化与生物进化也存在差异性：

生物进化包含大量的自然随机过程；生物的进化并非必然走向完美；生命进化有其进化的单元，即物种，使得生命进化呈现出种间隔离性；生物的进化图景呈现为干支清晰的"进化树"。技术进化是人、自然和社会协同进化的产物，因此更具定向性；能够不断走向更加先进和完美；技术的进化没有严格的进化单元，因此不受种类、行业、地域的局限，可以跨学科、跨领域、跨国界汲取养分；技术的进化图景更像一个网络。

技术的进化是人类经济进化、社会进化、文化进化、军事进化、人与自然关系进化的反映。技术的进化与人类生物属性和社会属性紧密相关。

从进化的角度看技术的发展，从人类的经济、社会、文化、军事与生态环境的和谐、可持续发展过程中来审视技术的进化，旨在把握技术发展的规律，更有效地推进技术创新与进步。

二、技术进化经历的主要阶段

生命进化经历了单细胞动物、多细胞动物、软体动物、节肢动物、脊索动物、鱼类、两栖类、爬行类、鸟类、哺乳类、灵长类等不同的阶段。

技术进化也经历了不同的阶段。从人类使用材料的角度来划分，经历了石器、陶器、青铜器、铁器、钢材和混凝土、轻合金和复合材料、硅和高分子材料阶段；从人类使用能源的角度来划分，经历了原始生物质能、水力、煤炭、电力、石油和天然气、核能以及可再生、清洁、可持续能源体系的阶段。

如果从技术对人类功能的替代和人与自然关系的角度看，我认为，技术的进化大致经历了以下的阶段：技术作为人类体力延伸拓展的阶段，技术作为人类感观延伸拓展的阶段，技术作为人类智力延伸拓展的阶段，技术从破坏生态环境进化到适应、保护、友好、修复生态环境的阶段。

（一）技术作为人类体力延伸拓展的阶段：技术主要起源于人类生存的需要。最初的技术，在很大程度上是为了弥补人类体力上的不足。节省、替代和拓展人类的体力，始终是技术进化的动力。原始技术主要是为了替代人的体力，如耕作和畜牧技术、畜力运输替代体力；工业革命的技术延伸拓展人类的体力并提高了精细化与标准化水平，如纺织机实现了操作的精细化与标准化。

现代技术仍承担着替代和拓展体力的作用，如自动化技术、现代农业技术、制造技术、运输技术等，节省并拓展了人类的体力，而且完成了人类自然体力无法完成的工作。

（二）技术作为人类感官延伸拓展的阶段：人类凭借智力创造，使自身的感知能力获得了很大的提高，与感觉与观察能力相关的技术进化不断走向精确和灵敏，并对人类社会产生了巨大的影响。例如，指南针辨识方向，催生环球航行；15世纪放大镜提高观察精细度，催生钟表等精密加工器械；17世纪显微镜使人们看到了微生物；望远镜使人们能够清晰观察宇宙天体；20世纪以来，大口径望远镜、射电望远镜使得人类能够探测深部宇宙；电子显微镜和原子力显微镜可探测细胞，分辨分子、原子尺度；微纳米技术生产出微纳米器件；电子眼、电子耳蜗协助视觉、听觉残障人士；CT（计算机 X 射线断层扫描技术）可获得断面层析等。

（三）技术作为人类智力延伸的阶段：19 世纪巴贝奇发明计算机，企图用机器替代人类的计算能力，这是技术进化到延伸人类智力阶段的起点。20 世纪 40 年代现代计算机的出现是技术延伸人类智力的重要里程碑。现代计算机最初只具有记忆、计算能力，又相继具有了逻辑、语言文字处理及谱曲、辨识、认知、交流等多种智能功能。3S 技术，以及自动观察技术和数据传输处理技术的结合，正在不断拓展人类对于地球的观察能力和分析能力。

（四）技术从破坏生态环境进化到适应、保护、友好、修复生态环境的阶段：在工业革命以来的很长历史时期中，技术的进步特别是技术的不合理使用，造成了生态环境的破坏。1962 年，美国海洋生物学家蕾切尔·卡逊（Rachel Carson，1907—1964）发表《寂静的春天》（*Silent Spring*），挑战传统的"征服自然"观念。20 世纪下半叶以来，人们愈加重视对环境的影响，环境友好型的技术得到开发与应用，绿色技术的概念得到广泛认同，技术进化由单纯征服自然、破坏生态环境发展到适应、保护、修复生态环境阶段。

以创新之心眺望 2049^①

当今世界，正处在科技创新突破和新科技革命的前夜。

正在经历严峻金融危机的世界，必将促进和加快科技突破与新科技革命的到来；而对于走过 60 年峥嵘历程、肩负民族复兴重任的中国人来说，面对可能发生的新科技革命，再也不能错失机遇。

现代化的历程，本质上是科技进步和创新的历史。回顾来路，我们看到，科技革命深刻影响和改变着民族的兴衰、国家的命运。那些抓住科技革命机遇实现腾飞的国家，率先进入现代化行列。近代中国屡次错失科技革命的机遇，从历史上的世界经

---

① 本文发表于新华社《瞭望东方周刊》2009 年 10 月第 42 期。

济强国沦为一个积贫积弱的国家，饱受列强欺凌。

1949 年中华人民共和国成立以来，整整一个甲子，我国建立了比较完整的科学技术体系，科技发展水平大幅度提高，创新能力呈快速提升趋势。

我在青年时代，还曾目睹工厂里使用天轴传动；而今天，我国的超超临界机组、超高压远距离输电技术，以及桥梁建造、高速公路、高速轮轨铁路等技术，都有了当年无法想象的进步。

但其中也有遗憾——我国科技总体上还没有走出跟踪模仿，原创能力不足，关键核心技术自主化比例还比较低。目前，我国对国外技术的依赖仍在 45% 以上，而美国、日本只有 5%。几个月前，中国科学院发布了"创新 2050：科技革命与中国的未来"系列报告，我们希望沿着这份科技发展战略路线图，在共和国庆祝百岁的时候，把对国外技术的依赖程度降到 20% 以下。

可以这样说，如果依赖引进技术，解决小康或有可能，但是要建成中等发达国家则是很难；而要位居世界前列，没有足够的自主核心技术，则基本不可能。

以法国为例，不要只看它盛产高档红酒和奢侈消费品，它的核电占全国发电量的 79%，高速轮轨试验线时速达 570 公里，主导着空中客车的发展，以巴斯德研究所为代表的免疫科技也是世界领先；以芬兰为例，它原本以森林产业——木材、造纸为主，后来抓住信息科技发展机遇，发展了无线通信，它的诺基亚公司打败了美国的摩托罗拉公司，该国的创新能力曾连续数年排名世界第一。

在今后的 10—20 年，很有可能发生一场以绿色、智能和可持续为特征的新的科技革命和产业革命。我们必须有所作为，以更多自主创新成果为民族复兴奠基铺路。

从历史经验来看，科技革命的发生，总是由现代化进程的强大需求所拉动；科技革命的"爆破点"，总是出现在那些社会经济发展需求最强烈，在教育、人才和科技创新有准备、有积累的地方。

英国工业革命有两大突破，一个是蒸汽机，另一个是纺织机械的自动化。为什么会在这两个方面突破？当时英国是世界最大的纺织品市场，一针一线的生产方式提供的商品太少，对纺织生产自动化有迫切要求；同时，生产发展对动力、能源的需求，大大超出当时以人力畜力为主的动力供给能力，加之牛顿力学体系为机械设计奠定了科学基础，蒸汽机就应运而生。

我一直在思考，为什么最近30年，我国的科技能有如此大的飞跃。我想，其一，中国拥有世界上任何国家都没有的强大需求，这种需求对科技创新的拉动力惊人；其二，我们坚持了对外开放。

未来二三十年对于中国是一个关键时期。我们已经拥有了开放的环境、良好的基础；5000万科技人员，数量世界第一；政府对科技和教育的投入也在日益增加，只要是有重要价值的创新项目，都会得到支持。

要实现自主创新，我们还需要克服一些仍然存在的弱点。

第一，自主创新的自信心还不够强，亦步亦趋，不太敢提出自己原创的科学思想。

第二，习惯于分散、自由的探索，缺乏协同作战的团队精神。当今世界，即使在一些基础前沿领域，研究工作模式也不再是"串联"方式，而常常需要多个团队以"串并联"的方式工作，以大大缩短研究周期。又比如研究夸克，需要大功率的对撞机，不是几个人自由探索可以办到，一篇学术文章可能有上百人签名；而把人送入太空，则可能需要数十万人共同协作。

第三，我们在科技创新中往往忽视仪器的创新发明。而当今科技对科研仪器设备的依赖日益增强，没有大量的高精尖仪器设备，是不可能具备竞争力和原创能力的。

第四，不太重视科技成果转化和产业化，科技突破的成果只局限于知识积累，难以成为社会生产的强大推动力。我们衡量一项科技成果的价值，最终还是要看社会和市场是否认可。

以上这些弱点，有千百年小农生产模式留下的深深烙印，有传统教育理念和方式带来的一些负面影响；同时，也需要科技奖励制度的改革调整。因此，在推进科技创新的同时，文化、体制的创新必不可少。

过去250年工业化的发展，只解决了不到10亿人口的现代化问题，主要集中在欧洲、北美和日本。今后50年，可以肯定的是，包括中国十几亿人口在内，至少有二三十亿人口，要通过实现小康走向现代化，比过去250年要多两到三倍。这将为世界发展注入新的动力和活力，但也必然对地球的有限资源和生态环境带来新的挑战。

可以预见，在未来50年，可持续能源与资源、先进材料和绿色智能制造、信息科技、先进农业科技、人口健康、生态环境、空天和海洋等科技领域，以及宇宙演化、物质结构、生命起源与进化、脑与认知等基础前沿领域，将会有新的突破性进展。

我们都有共识，科技给人类带来的，不仅是生产力的提升，还有文明理念、发展方式的巨变。

新一轮科技革命将会创造更多的财富，它的特点将是之前历次科技革命都不具备的：在高能耗、高物耗的生产方式下，物质文明只能为少数人享受；而今天我们寻求的可持续发展的新模式，倡导科学发展，能使更多人公平地分享现代文明的成果，人类文明也将进入新阶段。

眺望2049，我们深深期待，那时的中国，政治文明高度发达；经济总量世界居首；社会公平正义，人民健康长寿；山清水秀，江山如画；高度开放，充分吸纳世界先进知识，不断为世界发展和人类文明进步做出重要贡献。

这一切，都将从今天创新的每一步开始。

卷二　大师的启示

纪念达尔文①

今年是达尔文（Charles Robert Darwin，1809—1882）诞辰 200 周年，也是《物种起源》（*On the Origin of Species*）发表 150 周年。世界各地都在纪念这位进化论的创始人，因为他不仅是生物学史上划时代的人物，是科学史上的巨匠，而且也是一位人类思想史上的伟人。他富有创造的思想，跨越了生物学领域，跨越了他所生活的时代和国家，至今仍对世界生物学的发展，对其他自然科学和人文社会学科的发展，对人类的世界观、价值观，产生着深刻而深远的影响。今天，我们纪念达尔文，不仅是为了向这位伟人表达由衷的敬意，而且也是为了从

---

① 本文发表于《科学文化评论》杂志 2009 年第 6 卷第 4 期。

他的科学人生和科学思想中汲取营养和启迪，推动我国的科技创新和科学发展。

（一）热爱自然、热爱科学是科技创新最原本的动力。达尔文从小学开始，就对分辨植物、观察动物行为、采集昆虫标本有着浓厚的兴趣。他虽然遵循家人的意愿先后在爱丁堡大学学习医学，在剑桥大学学习神学，他的爱好却依然是采集生物标本、观察生物习性和博览群书。他在 18 岁的时候就已认识苏格兰的全部鸟类，并发表了关于藻苔虫和海蛭的论文。在剑桥大学期间，他与地质学、植物学教授广泛交往，并对一些科学问题开始深入研究。达尔文之所以后来成为伟大的科学家，这与他对于科学和自然有着浓厚的兴趣有很大的关系。由此我们可以认识到，热爱自然、热爱科学，是科技发展的动力之一；创新教育应该有助于培育兴趣、鼓励探索、发掘潜力、塑造情操、认识世界、培育科学思维方式，提高洞察力、分辨力、鉴赏力和独立工作的能力。

（二）科学源于实践与思考，五年的环球科学考察是他科学思想的基础和来源。1831 年，22 岁的达尔文参加了英国海军"贝格尔"号考察船的环球勘查。"贝格尔"号穿越欧洲、南美洲、大洋洲、亚洲南部和非洲，历经几十个国家和各种地貌。在5年的考察过程中，达尔文采集了大量的动植物和地质标本，其中在南太平洋加拉帕格斯群岛采集的鸣雀标本后来启发他形成生命进化的观点。经过5年航行，达尔文成为一位成熟的博物学家，并对当时流行的物种不变观点开始产生怀疑。参加"贝格尔"号航行是达尔文科学人生中的决定性的经历。他之所以能有很大收获，是因为他具有超过常人的探索热情，细致入微的观察能力，持之以恒进行系统观察、分析、思考的耐性，以及充沛的精力。他表现出来的采集、整理、记录、分析能力和对自然现象极大的好奇心，成为他成就的基础，正所谓机遇属于那些做好准备的"有心人"。

（三）探索科学真理，要有不迷信权威、敢于挑战传统观念的勇气。在达尔文年轻时期，当时的人们普遍相信神创论对于生命的解释。多数西方人相信《圣经》（创世纪）中上帝创造万物的观点，相信物种一经创造出来以后，就是固定不变的，人们研究自然只是为了证明上帝的存在与万能。法国博物学家拉马克（Jean–Baptiste Lemarck，1744—

1829）最先提出高等动物是由低等动物演变而来和获得性遗传的进化观点，但遭到普遍反对。达尔文的祖父伊拉兹马斯·达尔文（Erasmus Darwin，1731—1802）也提出过富于想象但缺乏依据的进化观点，然而几乎没有造成什么影响。古生物学创始人、灾变论者、法国科学家居维叶（Georges Cuvier，1769—1832）坚信生物经历过多次特创过程，而且生物不会发生世代变化，等等。面对权威的质疑，面对当时社会占主流的神创论思潮，达尔文秉承严谨、创新的科学态度，大胆地质疑，设想并最终有根据地提出了生物进化的思想。可见，无畏的科学精神是他成就为一位伟大科学巨人的根本要素。

（四）细致观察、缜密思考、系统研究的科学方法是达尔文成功的根本。达尔文从"贝格尔"号航行回来后，一方面整理考察报告，另一方面开始思考生命的由来和演化这个重大的问题。他在认真整理采自加拉帕戈斯群岛的鸣雀标本时发现，这些形态近似的鸟类实际上属于不同的物种，他经过深入研究后开始怀疑物种固定不变的观点。正是从物种问题着手，达尔文系统研究了动植物和家养动物的起源与进化问题，广泛研读了其他自然科学和人文社会科学文献，从而在 1837 年 28 岁时，就抛弃了基督教对自然的解释，开始形成了系统而科学的生物进化以及进化的动因是自然选择的思想。但直到 22 年后的 1859 年，他才发表自己的学说。达尔文之所以拖延发表自己的观点，是为了使论据更加坚实，论点更加严谨，同时也是在等合适的时机。科学是对自然规律的认知，要从观察现象中发现规律、关联和意义。达尔文的科学行为向我们昭示：从事科研不仅要有宽广的视野，还必须坚持严谨的科学的方法和持续不懈的努力。

（五）达尔文治学扎实，没有丝毫的浮躁和急于求成的功利心。1842 年，33 岁的达尔文及其家人迁居到英格兰东南部肯特郡乡下，一直到去世，他大部分时间居住在这个远离城市喧嚣的乡间，专心从事科学研究。达尔文从 30 岁直到晚年，因患全身性乳糖不耐症，经常出现胃疼、恶心、呕吐、心悸、失眠、头痛等症状，每天只能工作 2—3 小时。但他克服重重困难，不仅完成了名著《物种起源》，还写出了《兰花的授粉》（*Fertilisation of Orchids*, 1862）、《攀援植物》（*The Movements and Habits of*

Climbing Plants，1865）、《动植物在家养下的变异》（*The Variation of Animals and Plants under Domestication*，1868）、《人类和动物的表情》（*The Expression of Emotions in Man and Animals*，1872）、《食虫植物》（*Insectivorous Plants*，1875）、和《植物运动的能力》（*The Power of Movement in Plants*，1880）等大量富有开拓性的科学著作。达尔文的一生证明：要做出重大的科技创新必须有甘于寂寞、深入研究、求真唯实的态度和献身科学的精神。正如马克思所说："在科学上没有平坦的大道，只有不畏劳苦沿着陡峭山路攀登的人，才有希望达到光辉的顶点。"

（六）对于真正热爱科学的人来说，科学真理比个人的名利更重要。1858 年 6 月，正在撰写进化论专著的达尔文收到了年轻的威尔士博物学家华莱士（Alfred Russel Wallace，1823—1913）的一封信，随信附着一篇论文。在这篇论文中，华莱士得出了和达尔文近似的观点：生物是进化的，进化的动因是自然选择。尽管达尔文早于华莱士 20 年前就得出了进化的主要观点，但考虑到自己的论著没有完成，达尔文原准备将华莱士的论文率先发表，从而使华莱士得到进化论的优先权。在朋友的劝说和安排下，达尔文起草于 1842 年的概要与华莱士的论文同时发表。华莱士一生都坚持达尔文是自然选择进化论的创始人，并始终捍卫达尔文学说。达尔文和华莱士的相互礼让，成为科学史上尊重原创的典范，也更有力地推动了进化论的研究和传播。虽然原创优先权是科学共同体公认的准则，但达尔文和华莱士的行为却告诉我们：科学家不仅应有不倦探索、勇于创造的精神，也应有高尚的科学道德；科学家不仅要积极通过科学原创获得同行对科学发现的承认，同时更要尊重科学真理，尊重其他人的创造性劳动。

达尔文敢于冲破传统观念、不畏艰难、锲而不舍、勇于创新、善于创新的科学精神，生命不息、探索不止的顽强毅力，忘我追求科学真理、实事求是的科学态度，严谨踏实、系统求索的治学方法，以及谦虚谨慎、虚怀若谷的博大胸怀，都成为后人的典范。

（一）达尔文创立的是一个综合系统的生命进化理论，具有丰富的科学内涵和深远而广泛的影响。达尔文进化论认为，各种生物自从产生以来，就发生了变化；这个观点动摇了基督教的"神创说"基础，基督教认为这个世界万物都是上帝创造出来的，而且自从上帝创世以来，各种物种就是固定不变的。生物的进化是一个逐渐变化的过程，是一个漫长的自然过程，更多的证据来自地质史上的化石等。当然，现在科学家通过生物分子基因的变化和比较研究也可以证明这一点。所有生物之间存在着相互关联，即所有的生物都有共同的祖先，都是自然由来的产物，这不仅体现在不同生物之间在结构、功能等方面的相似性，还体现在不同生物的分子结构之间也存在着同源性。生物的进化包括了从低等到高等的过程，更是一个产生生命多样性的过程，是一个生命体系从简单到复杂、从单调到多样化的过程，从而导致地球上的生物种类不断增多，形态和功能更加多样复杂。生物进化有其自然动力，是一个自然选择的过程，在这个过程中，适应进化的生物保存了下来，不适应的生物遭到淘汰。人类是生物进化的产物，经过长时间的自然进化，从远古的灵长类中产生出人这种生物；达尔文甚至设想，现在的人类起源于非洲，这一观点在根本上动摇了统治西方两千多年的人类中心说，并直接挑战当时西方流行的欧洲中心说的观点。达尔文的进化理论是生物学上的一次革命性的伟大综合，正是由于达尔文理论的系统全面和综合，人类第一次科学地解释了生机盎然、缤纷多彩的生命现象。

（二）达尔文在科学方法上也做出了很大贡献，从而使他的进化理论具备更加坚实的基础。在达尔文之前，传统的生命科学方法主要侧重于对生命的表面现象进行观察、描述和分类，很少提出科学的假说，更不重视用实验来验证科学假说，很少探索生命多样化现象的相互联系和系统规律。达尔文在继承传统研究方法的基础上，将注重实证、实验、假说、验证等科学的方法引入生命科学领域。他不仅细心地观察生命现象，收集大量证据进行比较、归纳分析，而且注重从多角度系统地分析和提出可经验证的科学假说。例如，他从古生物学、比较解剖学、系统分类学、生物地理学和系统分类学等多个角度说明脊椎动物的同源性，验证了共同由来假说。他还做过有关植物异花授粉、自花授粉和植物向光性等植物生理实验，因此，后人也将他视为实验植物学的创始人。正是由于达尔文在科学方法上的创新和发展，进化论成为生物学中第一个经过假说和检验的科学理论，生物学开始更加注重实证和理论假设和分析，开始告别传统的仅注重描述、分类和一般性阐释的博物学传统。

（三）达尔文的进化论极大地促进了生命科学的发展。自达尔文以来，系统分类学、生物地理学、生态学、动物行为学、心理学等学科的发展无不引入进化的思想，从而促进了这些学科的发展。同时，随着生命科学的发展，人们又进一步丰富和完善了对生物进化的看法。比如，遗传是进化的基础，但当时达尔文并没有形成科学的遗传理论，而是秉持了当时流行的获得性遗传的观点。从德国生物学家魏斯曼（August Weismann，1834—1914）证明生物后天获得的性状并不能遗传下去，奥地利牧师孟德尔（Gregor Mendel，1822—1884）发现了生物遗传的基本规律，到美国科学家摩尔根（Thomas Hunt Morgan，1866—1945）证明遗传基因的存在，直至沃森（James Dewey Waston，1928— ）和克里克（Francis Crick，1916—2004）发现了 DNA 双螺旋的结构和功能，随着人们对生物遗传现象认识的深入，人们对生物进化的认识也更加深化。遗传规律揭示出，导致生物进化的动因不仅有自然选择，而且也有生物基因的突变、重组和遗传漂变等。再比如，科学家发现，在地质史上，生物的进化并不是完全逐渐缓慢的过程，而是突变与渐变交替的过程，寒武纪大爆发、白垩纪中后期哺乳动物的进化辐射等，都存在着一些较快突变的过程。

（四）达尔文的进化论推动了其他学科的发展。达尔文的进化论不仅为生命科学奠定了新的基础，而且也为其他自然科学和人文社会科学的发展提供了新的视角。地球科学开始用动态的观点看待地球，将地球看成一个曾经而且还在不断变化的自然体系。20世纪初，德国气象学家、地球物理学家魏格纳（Alfred Wegener，1880—1930）根据地质地理证据和生物进化与分布的证据，提出了大陆漂移学说，提出地质史上地表的大陆经历过剧烈的变化，这一学说在20世纪中期又发展成为板块构造理论。宇宙天文学更是吸收了进化的思想，发展出宇宙演化、银河系演化和太阳系演化的理论。医学开始从进化的角度认识宿主和寄生物之间的关系，从而更加合理和科学地认识疾病，寻找发现更加有效的治疗方法。人类学家、社会学家汲取了达尔文进化论的营养，用进化的观点解释了人类的发展、社会和文化的演变，在经济学领域甚至发展出一个进化经济学的分支，用来解释人类的经济活动。

（五）达尔文的进化论改变了人们的世界观。达尔文的进化论从根本上动摇了基督教神学的基础，如果说哥白尼（Nicolaus Copernicus，1473—1543）的理论只是改变了"上帝的住所"，达尔文的理论则彻底废黜了上帝的存在与作用。《物种起源》的出版动摇了基督教神学的根基，攻克了神学在科学中的最后堡垒，启发和教育人们从宗教迷信的束缚下解放出来，对于人类社会文明的进步，对于科学的健康发展，起到了革命性的作用。进化论思想的核心是事物随着时间而变化，凡是具有时间、运动和相互作用属性的事物，都存在着进化的可能。达尔文的进化论使人们开始从动态、变化和相互作用的角度看待自然，看待人类社会，看待世界，一种进化的生命观、价值观和世界观逐渐在社会中得到普及。达尔文的进化论中自然观和运动观为唯物论和辩证法提供了有力的支撑，曾经得到马克思和恩格斯的高度赞扬，恩格斯曾将达尔文和马克思的发现相提并论："正像达尔文发现了有机界的发展规律一样，马克思发现了人类历史的发展规律。"达尔文的进化论将人类看作自然进化中的一个环节，从而端正了人们对自然和人与自然关系的看法，为后来形成的可持续发展、环境保护直至科学发展理念奠定了知识和认识论的基础。达尔文的进化论对于社会思潮的进步也起到过一定的作用。严复（1854—1921）翻译的赫胥黎（Thomas Henry Huxley，1825—1895）《天演论》（*Evolution and Ethics*，1893），将进化的思想引入中国，一时间，适者生存、不适者被淘汰成为戊戌变法期间中国人民寻求变革和富强的思想动力。中国近现代的革命者，比如孙中山（1866—1925）、毛泽东（1893—1976）、鲁迅（1881—1936）和胡适（1891—1962），都受到过进化思想的影响。

达尔文的进化论已经提出了150周年。今天，虽然科学家们在生物进化的某些具体问题上依然存在着争议，虽然还有人仍企图根据《圣经》来解释生命的诞生和状态，然而，经过150年的研究，科学家们对于生物进化的图景、模式和机制已有了比较清晰的认识，绝大多数人认同达尔文的进化论范式。达尔文的进化论依然具有强大的生命力，依然对于我们具有巨大的启迪作用。

（一）从进化的观点看，科学技术的发展也是一个不断发展进化的过程。回顾科学技术发展的历程可以发现，科学技术也会经由渐变（改进）、突变（发明）、重组（系统集成）而发生无止境的发展、进化、突破，并且要经受同行、社会、市场和历史的检验和选择，适应的得以传承与发展，不适应的则将被淘汰。

（二）影响科学技术发展进化的环境要素也很重要。科学技术的发展不仅需要适应人类的生产与生活，还要适应社会意识形态，包括政治、哲学、宗教信仰与文化习俗等。例如，在希腊文明时期，一些早期的科学家和工程师就已经做出了很多科学发现和技术发明，但由于社会需求的局限，这些科学技术成果直到文艺复兴时期才在欧洲传播普及。又比如，根据一些研究经济史和科技史专家的分析，16—17世纪，阿拉伯地区和中国已经基本具备了工业革命的科技基础，但由于政治与经济制度等因素的限制，致使科学革命和工业革命最终发生在欧洲。

（三）科学技术的发展进化也像生命进化一样，经历了从简单到多样复杂的过程。随着人类需求的提升，特别是随着人类知识的发展与普及，科学的领域不断拓展，研究的内容不断深入，技术发展进化也走向结构精细化、功能多样化和使用便捷化。科学技术的进化既存在着渐变性，也存在着突变性，并呈现出时空进程与分布的不均衡性。在人类历史的不同阶段，曾经出现过不同的科学技术中心。在以雅典为中心的古希腊文明产生之前，埃及、两河流域、印度德干高原和恒河流域以及古代中国等，都曾经获得灿烂的科学技术创新成就。公元前 5 世纪到公元 2 世纪左右，古希腊和古罗马文明异军突起，不仅影响到欧洲，而且影响了埃及、两河流域和波斯地区。5—15 世纪，欧洲则进入了科学技术发展相对停滞的中世纪。其间（9—12 世纪），阿拉伯文明开始在近东、中亚和南欧等地区产生重要影响，阿拉伯人不仅创造出丰富的技术文明，而且发挥了东西方技术交流的桥梁作用，将先进技术传播到欧洲和亚洲其他地区。3—18 世纪，中国一直在相对封闭的情况下创造并延续着灿烂的文明。到了 17 世纪科学革命和 18 世纪工业革命时期，欧洲成为了科学技术的中心，自此，欧洲的先进科学技术开始向全世界扩散，科学技术进化的速度也越来越快。

（四）技术的发展表现出协同进化的特征。首先，这种进化体现在科学技术发展与社会进步之间的相互依存与相互促进，科学技术发展本身促进社会进步，同时，社会发展的状况又影响与决定着科学技术发展进化的速度。其次，相关的科学技术，在进化过程中相互促进、协同发展，例如微电子学与计算科学，数学与物理，物理、化学与生命科学，飞机与导航技术等。从科学技术协同进化的角度看，一些科学技术的进化有赖于其他科学技术的进步。在知识经济时代，科学技术的发展还有赖于社会和文化的发展，并与国家、地区的政治、经济体制密切相关。

（五）从进化的观点看，人与自然和谐发展必须尊重自然规律。进化论昭示我们，人类现在所处的自然环境是长期进化的产物，在这一进化过程中，生物与其生存的物理、化学环境，与其他生物之间，形成了一种和谐共生的关系。人类的生存发展依赖于自然，同时也影响着自然的结构、功能与演化过程。人类社会是在认识、利用、改造和适应自然的过程中不断发展的。人与自然关系的历史演变是一个从和谐到失衡，再到新的和谐的螺旋式上升过程。

随着全球工业化的发展，带来不可再生资源和化石能源的大规模消耗，造成污染物的大量排放，导致自然资源的急剧消耗和生态环境的日益恶化，人与自然的关系变得很不和谐。实现新形势下的人与自然的和谐发展，必须深入认识自然进化的规律，按照规律有效保护和修复自然生态环境，改变人类的生产和生活方式，合理、可持续地利用资源和能源。

（六）从进化的观点看，人类可以从自然万物的进化中得到许多启示。人类在发展过程中，从自然中学到过很多东西，人类的很多发明创造，都是模仿自然万物的结果。通过模仿鸟类的飞翔，人类最终造出各式飞行器；通过模仿响尾蛇探物，人类发明出红外探测器；通过模仿蝙蝠辨识障碍物，人类研究出雷达；通过研究鸟类的迁徙，人类研究出利用地磁辨别方位的仪器。长期进化的生物，一直是人类知识的源泉。生物在进化过程中，从形态、结构和功能上都适应了生存环境的变化。通过深入研究生物的进化，研究生物在微细结构和功能方面对环境的适应，并采取有效的技术手段模仿，有助于推动科学技术的发展。例如，一些昆虫适应了环境中微生物的侵害，通过研究和提炼这些昆虫的抗病物质，有助于生产出人类所需的抗病药物；人类可以模仿自身的认知、分析和处理问题的能力，发展认知科学和计算机科学，制造出智能计算机系统；此外，通过模仿动物在环境中调整体色的能力，可以研制出军用的隐身系统，通过模仿昆虫和其他动物信息传递的方式，有助于研制出安全的识别系统，等等。

达尔文为我们留下了一笔丰富的精神财富。他的高尚品格值得我们学习，他创造的科学理论至今仍焕发着活力。科学技术的发展需要在继承前人的基础上不断创新。在纪念达尔文之日，我们要继承和发扬他那种勇于创新、善于创新、持之以恒、淡泊名利的精神，承担起科技工作者的历史使命，为祖国的富强，为人类的和平发展，不断提出新的科学发现和技术发明，支持经济社会的科学发展、持续发展。

从仰望星空到走向太空

——纪念伽利略用天文望远镜进行天文观测 400
周年①

今年是伽利略（Galileo Galilei，1564—1642）
首次用望远镜观测天体 400 周年，因此被联合国确
定为国际天文年，以纪念这位人类历史上第一个把
望远镜对准茫茫太空的人。伽利略是近代科学的开
创者之一，是科学史上的伟人。他把理论与实验相
结合，形成了一套基于实验观察、数学分析、严谨
实证的科学研究方法，从此人类有了现代意义上的
科学。伽利略等人所开创的近现代科学，今天更加
充满生机，有力推动着人类文明的进步与发展。

---

① 本文为 2009 年 12 月 29 日在北京中国科学院研究生院举
办的"纪念伽利略天文望远镜进行天文观测 400 周年"专题报告
会上的演讲。

一、伽利略的发现及其意义

1609 年 7 月，伽利略根据荷兰人发明望远镜的消息，用风琴管作镜筒，两端分别嵌入一片凸透镜和一片凹透镜，制成了一架放大率为 3 倍的望远镜。同年底，他又把望远镜的放大倍数提高到了 32 倍，用来观察太空，从而扩展了人类的视力，发现了一批以前从未发现的天体现象。

他利用望远镜发现月球表面高低不平，高山、深谷，也在自转。他把月球上两条主要山脉分别以"阿尔卑斯"和"亚平宁"来命名，绘制出世界上第一幅月面图。他断定月球自身并不发光，只能反射太阳光。伽利略用简陋的望远镜发现了有 4 颗卫星在围绕木星旋转，他还先后发现了土星光环、太阳黑子、太阳的自转、金星和水星的盈亏现象、月球的周日和周月天平动，以及银河是由无数恒星组成，等等。从而开辟了依靠观测和实证了解天象、解释天体运动的新时代。正如同哥伦布（Cristoforo Colombo，约 1451—1506）发现了"新大陆"一样，伽利略发现了"新宇宙"。这些真实的、可重复的观测结果，形成了对哥白尼日心说极其有力的支持。1610 年 3 月，伽利略把观察结果和对哥白尼（Nicolaus Copernicus，1473—1543）学说的阐述写成《星际信使》一书，在威尼斯公开发表，在当时的欧洲社会产生了很大影响。

由于伽利略所主张的学说和提供的依据，从根本上对当时的宗教教义提出了挑战，他遭到了教会的不公正审判，被判处终身监禁。但是，真理的光辉终归要照亮大地。由于伽利略的历史贡献，由于更多的科学依据和阐释，日心说终于取代了延续千年的地心说。更重要的是，伽利略向人们展示了具有说服力的认识自然的科学方法，即依靠观察和实验来了解自然的真实景象，依靠理论和数学分析来解释所观察到的现象。

伽利略是近代物理学的创始人。他首次把实验引进力学，并利用实验和数学相结合的方法，先后确定了自由落体运动规律、惯性定律、摆的等时性定律、合力定律、抛射体运动规律等一些重要的力学定律；他详细研究了重心、速度、加速度等物理现象，并给出了严格的数学表达。其中加速度概念的提出，是力学史上具有里程碑意义的事件，因为从此能够定量描述力学中的动力学部分。荷兰科学家惠更斯（Christiaan Huygens，1629—1695）在伽利略工作的基础上，推导出了单摆的周期公式和向心加速度的数学表达式。英国科学家牛顿（Isaac Newton，1643—1727）在系统地总结了伽利略、开普勒（Johannes Kepler，1571—1630）、惠更斯等人的工作后，最终得出了万有引力定律和运动三定律。

伽利略留给后人的精神财富是极其宝贵的。伽利略所做的最重要的贡献在于，他把逻辑方法和科学实验紧密结合在一起，奠定了近代科学的方法论基础，这种新方法，使物理学告别了主观猜测、形而上学和粗略定性，成为论据扎实、推理严谨、可实证、可检验和可重复的科学，有力地推动了近现代科学的诞生与发展。正是在这个意义上，伽利略被称为科学实验方法的创始人和近代科学的奠基人。爱因斯坦（Albert Einstein，1879—1955）曾这样评价："伽利略的发现，以及他所用的科学推理方法，是人类思想史上最伟大的成就之一，而且标志着近代物理学的真正开端！"（《物理学的进化》，爱因斯坦和英费尔德著）

二、人类对宇宙的探索需要各国不同领域科学家的紧密合作

认知宇宙一直是人类的梦想，人类一直试图对浩渺的宇宙做出合理的解释。中国古人提出过盖天说和浑天说，中国汉代学者张衡（78—139）曾经提出"宇之表无极，宙之端无穷"的无限宇宙概念（《灵宪》，张衡著）。古希腊哲学家柏拉图（Plato，约前427—前347）认为宇宙中的物体呈现出最完美的圆形运动，宇宙由各个星层组成，存在着一个宇宙的中心。古希腊的天文学家托勒密（Claudius Ptolemaeus，约90—168）提出了地心说，认为地球是宇宙的中心。哥白尼提出了日心说。牛顿提出了机械的宇宙观，认为在第一推动力的作用下，宇宙按照机械运动的规律运行着。法国人拉普拉斯（Pierre-Simon Laplace，1749—1827）和德国人康德（Immanuel Kant，1724—1804）提出了星云学说，认为宇宙物质是由星云逐渐变化而形成的。近代科学认为，任何一种宇宙学说或者模型，都必须经过观测或实验的检验，才能成为被普遍接受的科学

理论。

随着天文望远镜等观测和分析仪器的问世和改进，人类对宇宙的认识愈加清晰丰富。1781 年前后，英国天文学家赫歇耳（Friedrich Willhelm Herschel，1738—1822）使用望远镜发现了天王星，这是人类第一次用望远镜发现的行星。天王星发现后，人们发现它总是有些偏离计算的轨道，于是有天文学家猜测，在天王星之外还存在一颗行星，它的引力干扰了天王星的运行。1846 年，英国的亚当斯（John Couch Adarns，1819—1892）和法国的勒威耶（Urbain Le Verrier，1811—1877）独立对此进行了研究，计算出这颗新行星即将出现的时间和地点，德国天文学家伽勒（Johann Gottfried Galle，1812—1910）在天文观测中辨认出这颗新行星，与预计的轨道只差 1 度。海王星的发现说明了天文观测中理论指导的重要意义，在理论的指导下，不仅能够确定新天体发现的区域和时机，更重要的是，能够揭示出所观测现象的科学意义。科学的最终意义不仅在于发现自然，更在于合理地解释自然。

有了越来越先进的观测、分析等技术手段，有了越来越严谨的理论和数学工具，人类对于宇宙的研究不断深化和拓展。17世纪陆续发现了一些朦胧的扩展天体，人们称它们为"星云"。仙女座星云是其中最亮的一个。但它是银河系内还是银河系外的天体，一直有争论。1924年，美国天文学家哈勃（Edwin P. Hubble，1889—1953）使用当时世界上最大的2.4米口径望远镜，在仙女座星云里找到了造父变星，利用造父变星的光变周期和光度的对应关系，确定了它较准确的距离，证明它确实是在银河系之外，而且也像银河系一样，是由几千亿颗恒星以及星云和星际物质组成的河外星系。迄今，已经发现了大约10亿个河外星系，有人估计河外星系的总数在千亿个以上。

1967年，英国天文学家休伊什（Antony Hewish，1924—2021）和伯内尔（Jocelyn BellBurnell，1943—　）偶然地发现了脉冲星。脉冲星发射的射电脉冲周期非常稳定。人们对此曾感到很困惑，甚至一度猜测这可能是宇宙中智慧生命发出的信号。而在此之前，物理学家发现中子后不久，1932年朗道（Лéв Давѝдович Ландáу，1908—1968）就提出可能有由中子组成的致密星。1934年巴德（Wilhelm Heinrich Walter Baade，1893—1960）和兹威基（Fritz Zwicky，1898—1974）提出了中子星的概念。1939 年奥本海默（J. Robert Oppenheimer，1904—1967）等通过计算建立了中子星模型。由于事先已经有了关于中子星的理论，科学界很快就确认了脉冲星是有极强磁场的快速自转的中子星。这又是一个理论指导科学发现的典型案例。

宇宙大爆炸模型更是理论指导发现的经典案例。1915 年，爱因斯坦提出了广义相对论，奠定了现代宇宙学的理论基础。根据广义相对论的推测，宇宙不是稳定态的，不是膨胀就是收缩。1922 年，宇宙学家弗里德曼（Алекса́ндр Алекса́ндрович фри́дман，1888—1925）根据爱因斯坦的相对论，提出了非静态的宇宙模型。经过哈勃、爱丁顿的研究，宇宙膨胀说得到越来越多的支持。1932 年比利时天文学家勒梅特（G. Lemaître，1894—1966）进而提出宇宙大爆炸理论，这一理论逐渐成为宇宙起源与演化的主流理论。根据宇宙大爆炸模型，在宇宙的最早期，即距今大约 137 亿年前或更早，今天所观测到的全部物质世界统统集中在一个很小的范围内，温度极高，密度极大。从大爆炸开始，宇宙历经了普朗克时期、强子时期、轻子时期，在 100 秒左右发生了核合成，产生氘和氦，宇宙以辐射物质为主。大爆炸发生后约 38 万年，温度下降到 4000K，中性氢开始形成，宇宙进入退耦时期，光子和物质分离，光子成为宇宙背景辐射，宇宙进入以物质为主的黑暗时期。一直到大约两亿年，第一批恒星和星系开始形成，宇宙逐渐被照亮，随后的几亿年间，第一批超新星和黑洞形成。大约 10 亿年，比星系更大尺度的星系团形成，星系之间发生合并等剧烈演化活动，恒星系统形成。经过了漫长的演化，形成了今天我们所看到的形形色色的宇宙[①]。

宇宙大爆炸理论陆续得到一些观测的证实。1929 年，哈勃发现星系距离我们越远，远离我们的速度越快，这一发现被称为哈勃定律，从而证实了当前的宇宙处于膨胀状态；哈勃定律与宇宙大爆炸模型的预言一致，已被 28000 个星系的红移（或退行速度）与距离的关系的观测数据所证实。

20 世纪 60 年代，美国贝尔实验室的彭齐亚斯和威尔逊探测到了 3K 左右的宇宙微波背景辐射，这与 1948 年俄裔美国科学家伽莫夫（George

① 何香涛. 观测宇宙学. 北京：北京师范大学出版社，2007.

Gamow，1904—1968）和比利时人勒梅特（Georges Lemaitre，1894—1966）等改进的宇宙大爆炸模型非常符合。即我们今天观测到的近乎各向同性的宇宙微波背景辐射，是宇宙膨胀冷却到光子不再和宇宙物质发生相互作用时留下的退耦"遗迹"，当时的宇宙温度约为 4000K，按照宇宙的膨胀速率，到今天恰好为 3K 左右。

　　1989 年美国发射的 COBE 卫星对微波背景辐射的精密测量进一步表明，在 10^{-4} 精度内，宇宙是各向均匀、同性的，这样就进一步证实了宇宙大爆炸模型。宇宙大爆炸模型预言宇宙今天的年龄约为 137 亿年，宇宙中的天体，如恒星、星系等，都是在宇宙形成以后逐渐形成的，所以它们的年龄必须小于宇宙年龄，这也符合目前的观测；宇宙大爆炸模型预言了宇宙中轻元素的丰度，如氦的丰度约为 25%，氢的丰度约为 75%。多年来人们对天体轻元素丰度的观测结果，正好与宇宙大爆炸模型的预言相一致，从而成为宇宙大爆炸模型的证据（《解开宇宙之谜的十个里程碑》，陆琰著）。宇宙大爆炸模型的提出和证实再一次表明，宇宙学的研究，需要各国不同领域科学家的紧密合作；宇宙学的研究，不仅需要理论上的创新，而且也需要观测和分析手段的创新。

三、人类探索太空的动力源自认知和驾驭客观世界的科学精神

探索太空是人类自古以来的梦想，中国在春秋战国时期就有嫦娥奔月的传说。明代有一个叫万户的飞天实践家，被誉为第一个利用火箭动力实现航天之梦的先驱。但是他失败了，原因是既无科学理论指导，也无技术条件保障。100多年前，俄国科学家齐奥尔科夫斯基（Константин Эдуардович Циолковский，1857—1935）发表了科学论文《用火箭推进飞行器探索宇宙》，第一次系统阐述了宇宙航行的基本理论和方法。他曾经说过："地球是人类的摇篮，但人不能永远生活在摇篮里。他们不断地向外探寻着生存的空间：起初是小心翼翼地穿出大气层，然后就是征服整个太阳系。"虽然他的梦想在当时的科技条件下无法成真，却为火箭技术和星际航行奠定了基本理论。他的名言一直激励着人类为挣脱大地的束缚进入和探索太空而进行不懈

的努力。

随着人类技术水平的不断提高，1957 年，苏联发射了人类第一颗人造卫星"Sputnik 1 号"，拉开了现代航天事业的序幕。到了 20 世纪末，已有 20 多个国家和组织进入了"太空俱乐部"，合计进行了数千次的太空发射，把约 5000 个各类卫星、太空探测器、宇宙飞船、航天飞机送上太空。至今在我们头顶上仍有 1000 多颗卫星。气象卫星、通信卫星、电视卫星、遥感卫星、GPS 等，在为人们提供着各类服务。

1961 年 4 月，苏联宇航员加加林（Юрий Алексéевич Гагáрин，1934—1968）乘坐"东方 1 号"飞船升空，在最大高度为 301 千米的轨道上绕地球飞行一周，完成了世界上首次载人宇宙飞行。1969 年 7 月，美国"阿波罗 11 号"飞船承载着全人类的梦想飞抵月球，宇航员阿姆斯特朗（Neil Armstrong，1930—2012）成为登陆月球第一人。这些都是人类航天事业中的里程碑式事件。

随着航天科技的发展，人类已由在太空中的短暂停留，发展到可以在太空中长期生活，现在已有人在太空站生活了一年。迄今，全世界已发射了 9

个空间站。苏联是首先发射载人空间站的国家，其礼炮 1 号空间站在 1971 年 4 月发射成功。美国在 1973 年 5 月 14 日成功发射太空实验室的空间站。苏联于 1986 年 2 月发射了大型的"和平号"空间站，这个空间站全长 13.13 米，最大直径 4.2 米，重 21 吨。国际空间站于 1993 年完成设计，开始实施。该空间站以美国、俄罗斯为首，共 16 个国家参与研制。其设计寿命为 10—15 年，建成后总质量将达 438 吨，长 108 米。太空站的出现，为人类持续研究太空环境、利用微重力环境研究物理、生物、化学等问题，深化对物质及其运动规律的认识，研究人类在太空生存时的生理和心理变化，创造了条件。

中国于 1970 年 4 月发射了第一颗人造卫星"东方红一号"。2003 年 10 月杨利伟乘坐"神舟五号"飞船成功实现了中国第一次载人太空飞行；2008 年 9 月中国"神舟七号"宇航员翟志刚成功地进行了第一次太空行走。2007 年 10 月，我国"嫦娥一号"探月卫星成功发射升空，并在随后的数天里圆满地完成了月球探测任务。中国作为一个太空科技的后发国家，走的是一条低投入、高效益、自主发展的道路。我们坚信在不久的将来，中国航天科技一定

会有更大的飞跃，将为国家富强、民族振兴做出更大的贡献。

人类在探索太空的历程中，也经历了艰辛，甚至牺牲生命。以美国为例，到目前为止，美国共牺牲17名宇航员。1967年1月27日"阿波罗1号"失事，牺牲3名宇航员；1986年1月28日"挑战者号"失事，牺牲7名宇航员；2003年2月1日"哥伦比亚号"失事，牺牲7名宇航员。尽管历经失败，但人类在走向太空的征程中已经取得了辉煌的成就，而且还会取得新的辉煌。人类探索太空的原动力，就来自人类渴望认知和驾驭客观世界的科学精神，伽利略所秉承和坚持的也正是这种精神。这种科学精神值得我们有志献身科学的每一个人用毕生的精力去坚持，并一代又一代地发扬光大。

四、仪器的改进与科学的进步

技术手段的改进，往往能够促进新知识的产生，进而促进科学的进步。天文学与物理学、化学等其他绝大多数自然科学一样，是建立在观测和实验基础上的科学。天文学研究的进步既需要理论的创新与发展，也需要观测分析仪器的创新。每一次天文观测方法和设备的革新，都推动了天文学研究的发展。望远镜的集光能力，空间、时间分辨率等性能的提高，往往引发天文学前沿研究的新突破。从可见光学波段到射电波段，再发展到紫外、红外、X射线及γ射线，全电磁波段天文观测向我们开启了全新的宇宙观测窗口和视角。仅以20世纪60年代为例，利用第二次世界大战中雷达技术的进展，射电天文学脱颖而出，直接导致了类星体、脉冲星、星际分子和宇宙微波背景辐射四大里程碑式的天文发现，有五项诺贝尔物理学奖颁发给了相应的发现者。

随着空间技术的飞速发展，利用新一代空间望远镜、天文卫星等探测手段，科学家获得了大量新的观测数据，丰富了我们对宇宙的认识。最突出的例子就是哈勃太空望远镜（Hubble Space Telescope，HST），该望远镜于1990年升空，主镜直径2.4米。哈勃太空望远镜工作19年来，对深空中的2.6万个天体拍摄了50万张以上的照片，对哈勃太空望远镜的观测结果的研究，产生了7000多篇科学论文，哈勃太空望远镜已成为产出成果最高的天文学设备之一（美国《大众机械》杂志：《世界功能最强五大天文望远镜》）。哈勃太空望远镜帮助科学家测定了宇宙年龄，证实了多数星系中央都存在黑洞，发现了年轻恒星周围孕育行星的尘埃盘，确认宇宙正加速膨胀，还提供了宇宙中存在暗能量的证据。

以 2000 年开始的斯隆数字巡天观测（Sloan Digital Sky Survey，SDSS）为例，观测 25% 的天空，获取超过 100 万个天体的多色测光资料和光谱数据。我国自主研制的 LAMOST 望远镜采用实时主动变形反射施密特改正板和 4000 根光纤同时精确定位技术，有前所未有的 4 米通光口径，同时具备 5 度观测视场，计划将人类对天体的光谱巡天数据再增加一个数量级，达到千万级。2003 年开始公布数据的威尔金森微波各向异性探测器（Wilkinson Microwave Anisotropy Probe，WMAP），力图找出宇宙微波背景辐射的温度之间的微小差异，以帮助验证有关宇宙产生与演化的各种理论。这些技术手段的发明和改进，以前所未有的精度把人们带入"精确宇宙学"时代，有助于不断深化人类对宇宙的认识。

天文学的发展离不开其他学科，同样，天文学的发展也促进了其他学科进步。太阳系的行星运动是理想的牛顿力学实验室，而中子星、黑洞乃至整个宇宙则是检验爱因斯坦引力理论的实验室。天文学提供了检验各种极端物理条件，如微重力、极高（低）温、极高（低）压、极大（弱）引力、极高（低）密度、极强（低）磁场等的物理理论的"宇宙实验室"。宇宙在演化中形成了地球上几乎所有的化学元素，并由这些元素产生出各种无机分子和有机分子。因此生命物质的起源很可能并不是地球独有的，在宇宙其他天体中也可能存在着氨基酸等生命物质。从这个意义说，宇宙也应是生命起源与演化的实验室。现代天体物理学中提出的暗物质、暗能量、反物质等问题的深入研究，将对物理学的基础产生重大的影响。在"元素周期表"上位居第二位的元素氦，首先是在对太阳的观察中发现的。最早测定光速的方法之一，正是利用了木星卫星的掩食现象。人类曾经长期探索太阳巨大能量的来源问题，19世纪末，发现了元素的放射性，英国科学家卢瑟福（Ernest Rutherford，1871—1937）提出，能量足够大的氢核碰撞后可能发生聚变反应，这可能是太阳能的来源。依靠核聚变理论和实验，人类发明了氢弹，50多年来，许多国家又在研究以可控核聚变作为新型能源。广义相对论发表后的一段时间里，一直得不到实验的验证。1919年，英国天文学家爱丁顿（Arthur Stanley Eddington，1882—1944）在日全食期间观测到了太阳附近恒星位置的偏移，测得的偏移量与广义相对论的计算结果符合得很好，广义相对论第一次得到了观测证据的支持。加上后来的金星雷达回波延迟，行星近日点的进动，太阳光谱和白矮星光谱引力红移等现象的发现，广义相对论进一步得到了验证。

天文仪器的创新，有时候也能同时促进其他学科的发展。望远镜是观测宇宙的工具，其每一个历史发展阶段，都是最先进的精密光学机械与电子技术的集成。望远镜的研发改进，不断向高新技术及制造技术提出挑战，从而带动了高新技术的创新。很多基于望远镜的科技创新成果，可以广泛应用于国民经济和国防建设。例如，自适应光学技术、激光导星、大规模波前探测器和校正器等技术，可应用于高分辨率望远镜、深空自由空间光通信、激光光束和光学成像整形与控制等；天文学红外探测器技术的发展，将有利于夜视导航与预警，卫星气象预报，资源、灾害遥感，医学成像诊断等技术取得突破性进展。

五、宇宙探索——永无止境的科学前沿

伽利略凭借简单的望远镜，发现了原先未知的太阳系中的一些现象；人类依靠不断改进的观测设备，进一步认识了太阳系、银河系以外的宇宙；今天，人类的研究触角已伸向宇宙诞生之初，伸向宇宙的边缘。然而，宇宙探索是永无止境的科学前沿，我们已知的宇宙现象，比起我们未知的宇宙奥秘，如同沧海一粟，人类对宇宙的认知，就像刚刚学会爬行的婴儿一样，还有遥远的路程。

尽管宇宙大爆炸模型取得了很大的成功，但是我们对于暴胀的机制和大爆炸的具体过程尚不清楚，还没有解决宇宙的视界、奇性、宇宙学常数等重要问题，还完全不理解主导宇宙大尺度结构的形成和演化的暗物质和暗能量，还没有完全认识宇宙中正反物质的不对称性的根源，也没有全面揭示宇宙中黑洞的形成和增长以及星系的形成和演化的规律。特别是暗物质、暗能量和黑洞问题，被认为是宇宙研究中最具挑战性的课题，有待于进一步的深入探

索研究。

暗物质是宇宙中无法直接观测到的物质，但它却能干扰星体发出的光波或引力，所以科学家可以认识到暗物质的存在。暗物质是宇宙的重要组成部分。暗物质的总质量是普通物质的 6.3 倍，而我们可以看到的物质还不到宇宙总物质的 10%，暗物质可能主导了宇宙结构的形成。科学家曾对暗物质的特性提出了多种假设，但暗物质的本质现在还是个谜[1]。

暗能量是一种不可见的、能推动宇宙运动的能量，暗能量的存在直到 1998 年才被天文学家初步证实。暗能量是近年宇宙学研究的另一个具有里程碑意义的重大成果。有科学家推测，宇宙中所有的恒星和行星的运动基本都是由暗能量来推动的。支持暗能量的主要证据有两个：一个证据来自对遥远的超新星所进行的大量观测，宇宙在加速膨胀。按照爱因斯坦引力场方程，能够从加速膨胀的现象推论出宇宙中存在着压强为负的"暗能量"。另一个证据来自近年对微波背景辐射的研究，精确地测量出

---

[1] 陆琰. 解开宇宙之谜的十个里程碑. 中国国家天文, 2009, (2).

宇宙中物质总密度。值得注意的是，观测得出的物质能量总量，超过了普通物质和暗物质的质量之和，所以必须由某种成分如暗能量来补差。

从哲学的角度来讲，暗物质和暗能量相继被证实存在对人们的观念是一次极大的冲击和突破。当年哥白尼仅仅将宇宙的中心从地球搬到太阳，就引起了全世界的轩然大波，人们不得不重新审视自身在宇宙中所扮演的角色。天文学上的发现不断地突破人们刚刚确定的关于宇宙中心的知识体系，直到爱因斯坦提出广义相对论后，人们才发现宇宙根本没有所谓的中心。暗物质和暗能量的存在同样是以前人类无法想象的事情，但它们就存在于整个宇宙中，并在宇宙的构成和作用等方面居于主导地位。

反物质是由反原子构成的物质。反质子、反中子和反电子如果像质子、中子、电子那样结合起来就形成了反原子。反物质正是一般物质的对立面，而一般物质是构成宇宙的主要部分。物质与反物质的结合，会如同粒子与反粒子结合一般，导致两者湮灭，且因而释放出高能光子或伽马射线。根据爱因斯坦著名的质能关系式——$E = mc^2$。如果质量湮灭，就会产生能量。正反物质湮灭时质量几乎损失殆尽，产生的能量比重核裂变和轻核聚变产生的能量大得多，会将 100% 质量转化成能量，而利用聚变反应的氢弹则大约只有 7% 的质能转换。

人类走向太空的征程同样也只是刚刚起步。从 1961 年 2 月 12 日苏联发射"金星"号探测器奔赴金星至今，各种宇宙探测器已先后对月球、水星、金星、火星、木星、土星、天王星、海王星、冥王星、哈雷彗星以及许多小行星和卫星进行了近距离或实地考察，获得了丰硕的成果，而且不断有新的发现。借助太空探测器，人们看到金星终日蒙上的一层密雾浓云及温暖世界，破解了火星上的所谓人工运河和生命存在之谜，观察到土星的奇异光环和卫星家族、木星及其极光景观等，人类对于太阳系的认识更加清晰。现在，美国于 1977 年 8 月发射的"旅行者 2 号"太空探测器已经飞离太阳系，正在走向其他星系。人类虽然已经在近地轨道、远地轨道乃至月球留下了足迹，但尚未到达其他行星，还有漫长的太空征程等待人类去探索。

宇宙的魅力，宇宙探索的挑战性，宇宙蕴含的丰富科学问题，无疑为青年人展示自己的潜力，为人类提升创造力，提供了无与伦比的舞台。有志者应像伽利略那样，无畏艰险，执着追求，不断探索，不断开拓新的科学领域，深化人类对宇宙的认识。我们纪念伽利略，不仅是为了纪念他对科学的巨大贡献，更要学习、继承和发扬伽利略的勇于创新、善于创新和为科学真理而献身的精神，为提高我国的自主创新能力，建设创新型国家，不断做出创新贡献。

纪念相对论创建 110 周年暨
阿尔伯特·爱因斯坦逝世 60 周年^①

2015 年是阿尔伯特·爱因斯坦（Albert Einstein，1879—1955）创建相对论 110 周年，也是这位继伽利略（Galileo Galilei，1564—1642）、牛顿（Isaac Newton，1643—1727）之后最伟大的物理学家逝世 60 周年。回顾爱因斯坦对当代科学的杰出贡献，传承弘扬他所代表的科学思想、科学精神和科学价值，对于领悟科学真谛，认知创新规律，培育创新人才，建设创新型国家，实现中华民族伟大复兴的中国梦，推进人类文明进步都很有意义。

---

① 本文发表于《科技导报》2015 年 3 月第 8 期。

一、爱因斯坦的科学人生及非凡成就

1879 年 3 月 14 日，爱因斯坦诞生在德意志帝国符腾堡王国乌尔姆市的一个犹太人家庭。他的父亲赫尔曼·爱因斯坦（Hermann Einstein，1847—1902）是一名商人，母亲鲍琳·柯克（Pauline Koch，1858—1920）是一位音乐家。爱因斯坦出生后不久，全家于 1880 年移居慕尼黑。同年 10 月，爱因斯坦的父亲与叔叔雅各布·爱因斯坦（Jacob Einstein，1850—1912）共同创建了一间电机工程公司，专事设计制造电机、弧光灯、白炽灯和成套的电话系统。这对爱因斯坦创新意识的培育和智力成长无疑产生了积极的影响。幼年的爱因斯坦并非神童，他的智力发育比常人还慢，据说直到 3 岁才开始说话。爱因斯坦 5 岁时对罗盘感到好奇，并开始学拉小提琴。也许是受工程师叔叔的影响，爱因斯坦从小对技术和抽象的数学都很感兴趣。10 岁以后，他又受到一位每周末到他家做客的医科大学生塔木德（Max Talmud，1869—1941）的引导，读了一系列数学、科学和哲学书籍。他 12 岁就自学了平面几何，并自己证明了毕达哥拉斯定理。13 岁时他读了伊曼努尔·康德（Immanuel Kant，1724—1804）的哲学名著《纯粹理性批判》。接触到科学和哲学思想后，他对《圣经》中的故事产生了怀疑，并由此萌发了对传统观念和权威质疑和批判的动机，对德国僵化的教育制度、枯燥乏味的教学内容和单调刻板的教学方法也产生了叛逆心理。在中学读书期间，他对那些自己感兴趣的课程如数学、物理、哲学等悉心攻读，而把那些不喜欢的课程放在一边。一些老师对他这种行为很不满意，因而常常批评他。但爱因斯坦依然"我行我素"，顽强地走自由求知探索之路。他在语言方面不太出色，但在自然科学方面表现出众。爱因斯坦爱读科普书籍，而且总是设法了解当时科学的最新进展。亚龙·贝恩斯坦（Aaron Bernstein，1812—1884）所著的《自然科学通俗读本》对他兴趣的形成及后来走上科学道路产生了重要影响。1888 年，他进入路易博德文理中学。1894 年，爱因斯坦全家迁居意大利米兰。时年 15 岁的爱因斯坦本应留在德国完成大学入学资格考试，但由于常触犯校纪而受老师训斥，他固执地决定肄业，随其父母同往米兰。但爱因斯坦并没有随其父亲的意愿去攻读电机工程学，而是依照一位好友的建议于1895年向瑞士的苏黎世联邦理工学院提出了入学申请。由于他没有德国大学入学资格考试成绩，需要参加当年夏天该校的入学考试。但爱因斯坦在考前并未抓紧复习，而是去了意大利旅游。他的自然科学考得很不错，但法语考得不好，因此未通过考试。该校校长赫尔岑推荐他去瑞士阿劳州立中学再学习一年。阿劳州立中学独立自由的氛围，使爱因斯坦感到十分愉快。后来，爱因斯坦曾这样评价："这所中学用它的自由精神和那些不倚仗权势的教师的淳朴热情，培养了我的独立精神和创造精神。正是阿劳州立中学，成为孕育相对论的土壤。"次年10月，爱因斯坦参加了瑞士大学入学考试。成绩单显示，他5个考试科目皆取得了最好的成绩（6分）。1896年秋，爱因斯坦进入苏黎世联邦理工学院师范系学习物理学。他对课堂听课兴趣不大，大部分时间在实验室度过，或在宿舍阅读著名物理学家的最新著作，这使他逐步了解了当时物理学前沿的一些重大问题。但他未能如愿留校担任助教，只能靠当临时家教维持生活。1902年，他在大学同学马塞尔·格罗斯曼（Marcell

Grossrllan，1878—1936）的父亲帮助下，被伯尔尼瑞士专利局录用为三级技术员，从事与科学研究基本无关的专利申请的技术鉴定工作。这项工作较为清闲，使他能利用业余时间开展自己感兴趣的物理研究。经过不懈的独立思考和探索，1905年3—12月，爱因斯坦在德国莱比锡《物理年鉴》（*Annalen der Playsik*）连续发表了6篇划时代的论文，至少包括了现代物理学中五大成就：提出光量子假说，由液体中的悬浮粒子运动推出测定分子大小的方法，解决了原子是否存在的争论，创立狭义相对论，推演出著名的质能转换公式。一位年仅26岁而且并不在物理专业研究体制内的年轻人在较短时间内，就在物理学的多个前沿领域做出了多项开创性贡献，开启了现代物理学的新时代。1905年后来也被人们称为"爱因斯坦奇迹年"。一百年以后，在2004年6月10日，联合国大会第58次会议决议将2005年定为"国际物理年"。

　　1905年3月18日，爱因斯坦在《物理年鉴》发表《光的产生和转化的一个试探性观点》一文，解释了光的本质，认为光是由分离的能量粒子（光量子）所组成，并像单个粒子那样运动，把1900年马克斯·普朗克（Max Planck，1858—1947）创立的量子论推进了一步，并为构成量子力学基石的微观粒子——光子的波粒二重性获得广泛接受铺平了道路。爱因斯坦用"光量子"概念轻而易举地解释了经典物理学无法解释的光电效应，推导出光电子的最大能量同入射光的频率之间的关系，这一关系十年后被美国实验物理学家罗伯特·密立根（Robert A. Millikan，1868—1953）的实验证实。爱因斯坦因为"光电效应定律的发现"这一贡献而获得1921年度诺贝尔物理学奖。密立根也因为基本电荷和光电效应方面的实验研究而获得1923年度诺贝尔物理学奖。光电效应后来也成为光电子、光传感、LED、激光、光伏电池等诸多重要技术的基础。

1905年4月，爱因斯坦完成了论文"分子大小的新测定法"（翌年以这篇论文取得了苏黎世大学的博士学位）。1905年5月11日，他向《物理年鉴》提交了另一篇用布朗运动解释微小颗粒随机游走现象的论文《热的分子运动论所要求的静液体中悬浮粒子的运动》。这两篇论文的目的是通过观测由分子运动的涨落现象所产生的悬浮粒子的无规则运动，来测定分子的实际大小，以解决半个多世纪来科学界和哲学界争论不休的原子是否存在的问题。三年后，法国物理学家让·佩兰（Jean B. Perrin，1870—1942）以精密的实验证实了爱因斯坦的理论预测，无可非议地证明了原子和分子的客观存在。爱因斯坦关于布朗运动中大量无序因子的规律性研究成果，已成为当今金融数学的重要基础。

1905年6月30日，爱因斯坦向《物理年鉴》提交了《论动体的电动力学》一文，首次提出了狭义相对论基本原理，并提出了两个基本公理："光速不变""相对性原理"。1905年9月27日，他向《物理年鉴》提交了一篇短文《物体的惯性同它所含的能量有关吗?》，提出了狭义相对论最重要的一个推论："物体的质量可以度量其能量"，质量守恒原理和能量守恒定律应当相互融合，质能可以相互转化，并导出了 $E=mc^2$ 公式。质能相当性是原子核物理学和粒子物理学的重要理论基础，也为20世纪40年代实现核能的释放和利用开辟了道路。

1914年，爱因斯坦返回德国，进入普鲁士科学研究所从事科学研究，并兼任柏林大学教授。他坚信物理学的定律必须对于无论哪种方式运动着的参照系都成立。即在处于均匀的恒定引力场影响下的惯性系中，所发生的一切物理现象，可以和一个不受引力场影响但以恒定加速度运动的非惯性系内的物理现象完全相同（广义等效原理）；物理定律在所有非惯性系和有引力场存在的惯性系对于描述物理现象都是等价的（广义相对性原理）。经过十年努力，1915年36岁的爱因斯坦完成了广义相对论的创建，并于1916年3月在《物理年鉴》第4系列第49卷正式发表《广义相对论基础》一文，由广义相对性原理及广义等效原理出发，得到新的引力场方程，并做出水星近日点进动、引力红移、光线在引力场中弯曲三大预言。这一理论激怒了一直把牛顿力学奉为绝对真理的100名著名教授，他们联合发表声明："爱因斯坦错了。"但爱因斯坦却幽默地回应道："如果我错了，只要一个证明就已经足够，何须100个呢？"他计算的水星近日点进动值在扣除了其他行星的影响后应是每100年东移42.91″，与观测值43″十分吻合。光线在引力场中弯曲的预言，于1919年5月29日由英国天文学家亚瑟·爱丁顿（Arthur S. Eddington，1882—1944）团队在西非普林西比岛观测日全食的结果所证实。1960年，哈佛大学的罗伯特·庞德（Robert Pound，1919—

2010)、格伦·雷布卡（Glen Rebka，1931）采用穆斯堡尔效应的实验方法，成功地验证了引力红移预言。引力红移效应对于宇宙学研究和操作全球定位系统等领域起着十分重要的作用。

1916 年，爱因斯坦提出时空理论的另一个预言：在一个力学体系变动时必然发射以光速传播的引力波。1946 年，美国两位射电天文学家拉塞尔·赫尔斯（Russell A. Hulse，1950—　）和约瑟夫·泰勒（Joseph H. Taylor，1941—　）开始了他们对新发现的一对射电脉冲双星连续四年的观测，终于从脉冲周期的变化推算出确实存在引力波，他们由此获得 1993 年度诺贝尔物理学奖。

也是在 1916 年，爱因斯坦重回量子辐射研究。1917 年，他在"论辐射的量子性"一文中提出了受激辐射理论，成为激光的理论基础。1917 年，爱因斯坦还根据广义相对论提出了宇宙学理论，认为宇宙在空间上是有限而无边界的，即自身是闭合的。这项研究使宇宙学摆脱纯粹猜测性的思辨，成为现代科学。后经众多天文学家和物理学家的共同努力，相继提出了宇宙膨胀理论和宇宙大爆炸理论，并已经得到了一系列天文观测的验证。

爱因斯坦的后半生，在继续量子力学的完备性、引力波及广义相对论的运动问题研究外，将主要精力用于整合广义相对论及电磁学成为统一场论的探索。1937年，他在两位助手的帮助下，从广义相对论的引力场方程推导出运动方程，进一步揭示了空间、时间、物质、运动之间的统一性，这是广义相对论的重大发展，也是爱因斯坦在科学创造活动中取得的最后一项重大成果。但是在统一场论方面，他始终没有成功。但在每次遭遇失败后，他从不气馁，都满怀信心地从头开始。由于他远离了当时物理学研究的主流，再加上他在量子力学的解释问题上同当时占主导地位的哥本哈根学派针锋相对，晚年的爱因斯坦在物理学界相对孤立，但他依然无所畏惧，毫不动摇地沿着他所认定的方向不倦探索。一直到临终前一天，他还在病床上继续他的统一场论的数学计算。他在1948年就曾经说："我完成不了这项工作，它或被遗忘，但是将来仍会被重新发现。"历史又一次印证了他的预言，由于20世纪70—80年代一系列实验有力地支持电弱统一理论，统一场论的思想以新的形式显示了它的生命力，为未来发展展现了新的希望。

1955 年 4 月 18 日，爱因斯坦因腹主动脉瘤破裂逝世于普林斯顿，这位科学伟人走完了他光辉的一生。临终前他留下遗言：遗体由医学界处理，不举行葬礼，不建坟墓，不立纪念碑，骨灰由亲友秘密撒向天空，办公室和他的住宅不可成为供人"朝圣"的纪念馆。他衷心希望除了他的思想以外，其余一切都随他乘风而去。

二、爱因斯坦的启示

爱因斯坦在科学上的贡献，也许只有牛顿可以与之媲美。他不仅是一位具有伟大探索及创造精神的科学家，是一位具有数理逻辑和哲学思维的大师，是一位具有独立高尚人格、富有人文主义情怀的思想家，也是一位具有强烈正义感和社会责任感的世界公民。他的一生崇尚科学理性，把真、善、美融为一体，认为"人只有献身于社会，才能找出那实际上是短暂而有风险的生命的意义"。他努力使科学造福于人类，促进世界和平与人类文明的进步。从爱因斯坦的科学人生和非凡成就中，可以得到十分宝贵的启示。

（一）爱因斯坦的成长、成才、成就，源于他对科学的强烈兴趣、不懈探索和创造精神。青少年时期家庭亲友的影响和启蒙，科普读物、康德的哲学思想、自学物理学前沿研究进展的启发，让他发现知识理论体系内的不自恰及已有理论与实验观察结果之间的矛盾，这成为他追求创造更完美理论的根本动力，他没有丝毫的功利动机和目的。因此，普及科学知识、培育科学精神、传播科学方法，提升全社会科学文化素养，是培育青少年对科学创造的兴趣、献身探索科学奥秘的沃土，是造就杰出科学人才的必要的社会文化氛围。

（二）文艺复兴、科学革命、宗教和社会革命以来，欧洲尤其是德国、瑞士等社会和学校教育中形成的追求科学知识，崇尚严谨数理逻辑、思辨实证的哲学思想和人文主义情怀，注重培育学生认知自然、思考探索的兴趣和理性质疑创造的能力，促成了爱因斯坦的成长。爱因斯坦曾说过："提出一个问题往往比解决一个问题更重要，因为解决一个问题也许仅是一个数学上或实验上的技能而已。而提出新的问题，新的可能性，从新的角度去看问题，都需要有创造性的想象力，而且标志着科学的真正进步。"他还说："发展独立思考和独立判断的能力，应当始终放在首位。如果一个人掌握了他的学科的基础理论，并且学会了独立思考和工作，他必定会找到自己的道路，而且比起那种主要以获得细节知识为其培训内容的人来，他一定会更好地适应进步和变化。"知识与能力紧密相关，但能力对人的成长发展更加重要。他指出，"科学的现状不可能具有终极的意义"，因此对于前人的科学文化遗产就应当批判地加以继承。当旧的理论、旧的概念与新的现象和事实发生矛盾的时候，就应当独立思考、独立分析、独立判断，冲破传统观念的束缚，创造开辟科学发展的新方向、新天地。我国的教育思想、内容、方法和体制改革乃至创新文化和环境的建设应该从中得到有益的启示。

（三）爱因斯坦是一位理论物理学家。但他始终坚持以实验事实为出发点，反对以先验的概念为出发点。他提倡"唯有经验（实验）能够判定真理"。他在1921年谈到他创建的相对论时说："这一理论并不是起源于思辨，它的创建完全由于想要使物理理论尽可能适应于观察到的事实。"爱因斯坦坚持了一位自然科学家必须坚持的科学唯物论的传统，符合实践—理论—实践的科学认识论。爱因斯坦坚信自然界的统一性和合理性，相信人对于自然界规律性的认知能力。对物理系统的统一性、简单性、相对性、对称性的探索和归纳始终贯穿于他一生的科学实践中。他也是一位运用实证、推理逻辑、数学方法等科学方法的大师。从中可以领悟到实验观察、理论思维、数学分析等方法对于科学创新的重要性。在信息网络时代的今天，还必须增加计算方法和大数据分析等方法。

（四）爱因斯坦是继伽利略、牛顿之后最伟大的物理学家。他深谙科学的真谛和价值，淡泊名利，不迷信权威，不忘科学家的社会责任，是一位热爱人民、致力捍卫和促进人类和平进步事业的伟人。他在"科学与宗教"一文中指出："科学就是一种历史悠久的努力，力图用系统的思维，把这个世界中可感知的现象尽可能彻底地联系起来……科学的目的是建立那些能决定物体和事件在时间和空间上相互关系的普遍规律……科学只能由那些全心全意追求真理和向往理解事物的人来创造。"他认为："一个人的价值，应当看他贡献什么，而不应看他取得什么。"他还曾说："我们不要忘记，仅有知识和技术不可能使人类过上一种快乐而有尊严的生活。人类绝对有理由将高道德标准和价值观念的倡导者，放在客观真理的发现者之上。"他不仅这样说，也正是这样做的。1914 年，第一次世界大战爆发。他虽身居战争的发源地，处于战争鼓吹者的包围之中，却坚决表明了反战态度，参与发起反战团体"新祖国同盟"。1917 年，苏联"十月革命"胜利后，爱因斯坦热情支持和赞扬，认为这是一次对全世界将有决定性意义的伟大社会实验，并表示："我尊敬列宁，因为他是一位有完全自我牺牲精神，全心全意为实现社会正义而献身的人。"1937 年，日军全面侵华，12 月南京沦陷，发生了震惊世界的大屠杀。爱因斯坦与英国著名哲学家罗素（Bertrand A. W. Russell, 1872—1970）等于 1938 年 1 月 5 日在英国发表联合声明，呼吁世界援助中国。1939 年他获悉铀核裂变及共链式反应的发现，在匈牙利物理学家利奥·西拉德（Leo Szilard, 1898—1964）推动下，上书美国总统罗斯福（Franklin D. Roosevelt, 1882—1945），建议研制原子弹，以防法西斯德国抢先。但是，当得知美国在日本广岛、长崎两个城市上空投掷原子弹，造成大量平民伤亡，他对此表示了强烈不满，并为开展反对核战争进行了不懈的斗争。他一生不崇拜偶像，也不希望以后的人把他当作偶像来崇拜。在去世之前，他把普林斯顿默谢雨街 112 号的房子留给跟他工作了几十年的秘书杜卡斯（Helen Dukas，1896—1982），但强调："不许把这房子变成博物馆。"他不希望把默谢雨街变成一个朝圣地。纪念爱因斯坦，领悟他的科学精神和人生哲理，这对于中国学术界摈弃追逐名利的浮躁之风，以创新科技、服务国家、造福人民、促进人类文明进步为己任，实现创新驱动发展，促进发展方式转型，全面建成小康社会，实现"两个一百年"奋斗目标，实现中华民族伟大复兴的中国梦，特别有意义。

参考文献

李政道. 纪念爱因斯坦 [N]. 人民日报：海外版，2005-04-16.

张芸. 爱因斯坦：20 世纪的科学巨人 [EB/OL]. [2005-08-10]. http：// news. xinhuanet. com/figure/2005-08/10/content-3334778—2. html.

许良英，李宝恒，赵中立. 爱因斯坦文集 [M]. 北京：商务印书馆，2009.

Whittaker E. Albert Einstein 1879—1955 [J]. Biographical Memoirs of Fellows of the Royal Society, 1955: 37—67.

卷三 科学的价值

创新是科学与艺术的生命
真善美是科学与艺术的共同追求①

多年来，李政道先生热忱倡导科学与艺术之交融，最近又倡议于新千年肇始之十月在京举办一次科学与艺术论坛和作品展览，受到科学界和艺术界的热烈响应。我也被其感染，并受政道先生之嘱托，组织收集了一批自然科学各学科观察与研究中发现和摄录的绚丽图片。在赞叹自然界造化和艺术大师们的作品之余，我也不由得展开对科学与艺术之生命及其追求的思索。

科学是人类认识自然、探索规律、创造理论与方法的创新实践活动和知识结晶。科学从不满足于

① 本文为 2001 年 5 月 31 日在中国美术馆举行的 "艺术与科学" 国际作品展暨学术研讨会上的发言。

已知的知识，而是不断地质疑已有的知识体系，追求新的发现，探索新的领域，创造新的理论与方法，攀登新的高峰。

哥白尼的日心说创造了新的宇宙观；爱因斯坦的相对论引起了牛顿力学之后人类在时空观上的一次革命；量子论开辟了人类对微观世界结构和相互作用规律认识的新纪元；DNA 双螺旋结构模型的构建标志着人类解读生命现象遗传密码新的突破；地球大陆板块及其漂移学说和宇宙大爆炸理论的创立，标志着人类对地壳运动规律认识的深化和对神秘浩瀚宇宙的起源与演化的理论创见……科学有无止境的前沿，科学家的志趣就在于不倦地探索客观规律和创造新的科学理论与方法，科学的生命在于创新。

艺术是人类对自然、人生和社会的客观纪录与反映，也是艺术家心灵感受及其情感独特的表达与描述。

艺术不仅需要对客观世界深刻的观察与体验，而且需要艺术家独具匠心的概括和表现。

中外艺术家，尤其是有成就的艺术家都将创新视作自己的艺术品格与生命。无论是莫扎特、贝多芬，还是刘天华、冼星海、聂耳；无论是达·芬奇、罗丹、毕加索，还是郑板桥、吴昌硕、齐白石、徐悲鸿；无论是莎士比亚、托尔斯泰、歌德，还是李白、杜甫、鲁迅和巴金，他们都创造了自己独特的艺术风格和表现手法。

科学的本质在于求真，求索客观规律、客观真理。科学给予人类驾驭自然的能力，科学家的追求在于造福人类，在于寻求人与自然的和谐、协调和可持续发展，这是最高层次的与人为善。

科学研究的对象——无论是宏观的宇宙和海洋，还是微观的物质世界和丰富多彩的生命现象，本身都蕴含着自然美。

科学实验不断发现与揭示自然现象中的隐含美。分光棱镜将太阳光分解成多彩的光谱，电子显微镜及原子力显微镜使人类可以看到细胞、分子和原子尺度的微观世界结构和表面的神奇图画，遥感微波和多光谱、高光谱成像可以获得多姿多彩的地球全息图像，哈勃望远镜已经拍摄到火星和银河系前所未有的图像，等等，向人们展示了不断发展的科学实验所揭示与发现的自然美。

科学研究中也广泛存在理性美。牛顿三定律对物质世界相互作用的描述，狭义相对论对质量、能量转换关系的概括，是何等的简洁与优美。数学本质上就是追求对数和形及其变换最优美、最简洁的表达。数学也成为描述科学规律不可替代的工具。数学方程对物质结构及其相互作用和运动规律的描述本身就是科学中的理性美，如麦克斯韦方程对电磁场的概括与描述、纳维叶-斯托克斯方程对黏性流体运动规律的描述、混沌与分形函数所描绘的自然现象中的混沌和分形的美丽图景等。

艺术也总是以真善美作为自己的崇高目标，反映、描述和表达艺术家对自然、人生和社会真实的感受和情感。引导、鼓励人从善、向上，弘扬人类高尚的情操、品格和道德，谴责、鞭挞罪恶，歌颂和追求人与人、人与自然和睦、和谐相处的美好境界。创造丰富多彩优美的艺术种类与形式、艺术形象与品位、艺术流派与风格。艺术也是人类创造力升华的结晶、人类文明进化的象征。

可见真善美的确是科学与艺术共同的目标与追求，科学家与艺术家在研究和描述的对象，创造的本质，及其真善美的目标追求等方面是完全相通的。科学与艺术是人类文明的两朵奇葩，也是人类文明大厦的重要支柱。

发明的本质与动力①

一、发明的动力源于人类生存发展的需要

从身体功能上看，人类的生存能力远逊于一些动物，人类的奔跑速度和耐力、人类的视觉、听觉和嗅觉都不如很多动物，但是人类凭借智慧，凭借发明和创造，极大提升了人类的生存能力。生存需要成为人类发明最初也是最主要的动力。远古人类发明石器是为农耕与渔牧的需要，发明钻木取火是为了取暖、熟食和御兽的需要，发明甲矛剑箭是为了战争和狩猎的需要，发明车舟是为了渡运与渔业

---

① 节选自 2007 年 11 月 29 日 "第二届发明家论坛" 上的讲话《发明改变世界 发明创造未来》。

的需要，发明尺剪是为了度量裁剪的需要，发明雕版、活字印刷是为传承文化的需要，发明听诊器是为了诊断心肺功能的需要。发明提升了人类的生存能力，扩展了人类的生存时间和空间。

二、发明是人类的经验与向自然学习的成果

人类正是不断从同类之间，从自然之间，从过去及现实经验中学习，这推动着人类从必然王国走向自由王国。钻木取火的发明是摩擦生热经验的启示，轮子的发明源自圆木滚动省力经验的启示，渔网的发明源自蛛网的启示，绳子的发明源自绞合藤本类植物承重的启示，蒸汽机的发明源自蒸汽顶开锅盖的启示，飞机的发明源自鸟类飞翔的启示，红外制导的发明源自响尾蛇红外感知能力的模仿，声呐的发明源自对蝙蝠超声定位能力的模仿。发明是人类和自然已有经验学习和创造的升华。

三、发明是人类智慧和创造力的结晶

发明是人类大脑和双手创造性劳动的结晶，是

人类智慧、灵感、毅力的产物。正是依靠人类的智慧和执着，一些人做出了一些名垂青史的伟大发明。蔡伦（62—121）发明造纸术，万户（？—1390）发明火箭椅以期奔月，达·芬奇（Leonardo Da Vinci，1452—1519）发明滑轮、透视图、圆规，莫尔斯（Samuel Finley Breese Morse，1791—1872）发明电报，贝尔（Alexander Graham Bell，1847—1922）发明电话，爱迪生（Thomas Alva Edisoon，1847—1931）一生研究出包括白炽灯、留声机在内的 1700 多件发明，莱特兄弟（Wilbur Wright，1867—1912；Orville Wright，1871—1948）发明有动力的飞机，奥托（Nikolaus August Otto，1832—1891）发明内燃机，等等。这些都是人类智慧之光和创造力的范例，是激励一代又一代发明者的楷模。

四、发明是对于知识的应用和自然规律的驾驭

特别是到了近现代，建立在科学知识基础上的发明越来越成为发明的主流。现代汽轮机的发明和改进基于叶轮流体力学知识，合金钢的发明与进步基于冶金学、金相结构学的知识，冰箱的发明与进

步基于对工质相变热和热功循环的知识，X 射线机的发明基于对 X 射线穿透性和成像性的认识，核磁共振仪的发明基于对生物氢原子磁场极化现象的认知。进入 21 世纪之后，建立在科学认知基础上的发明必将成为发明的主要来源。

五、发明是对于人类生产方式和生活方式的创新

发明推动人类的经济不断发展，推动人类的社会不断进步，引领人类文明的不断提升。发明创造不断将人类由一个时代带入又一个新的时代。铁器的发明开启了农耕生产方式，蒸汽机和珍妮纺纱机的发明成为工业大生产方式的标志，电机的发明和电力系统的形成及电话、电报、无线电的发明将人类社会推进到电气化时代，计算机、集成电路、互联网的发明标志着人类进入了信息化时代。

科学的价值与精神①

一、科技的价值

科学技术作为生产力的作用，在现代社会是逐步显现的。例如，造船技术、指南定向技术、测量技术等的发展推动了地理大发现，而地理大发现不仅促进地球科学、天文学、航海学、大气科学以及造船技术的发展，还促进了欧洲的资本原始积累和世界市场的出现，甚至现在谈的全球化的概念都可以追溯到地理大发现时期。又如，牛顿力学奠定了工业革命的力学基础，以蒸汽机发明为标志的工业

① 节选自 2008 年 12 月 3 日"中国科学与人文论坛"主题报告《科学的价值与精神》。

革命开启了工业社会的序幕。再如，麦克斯韦方程奠定了电磁学的基础，促进了电气化和通信业的发展，照亮了人类前行的道路，人类开始进入电气化时代。

科学技术的进步，推动着人类社会的动力系统从人力、畜力、水力逐步向蒸汽机、内燃机、电动机等方向发展，为人类社会的进步不断注入新的动力。科学技术每一次重大的进步，都对社会生产力产生了巨大影响，给人类的生产和生活带来难以估量的变革。

20世纪以来，科学技术已经成为第一生产力。爱因斯坦的受激辐射理论推动了激光、光通信产业的发展；原子理论的发展催生了核能的军用和民用；固体物理学的发展，促进了半导体、晶体管、集成电路、磁性存储材料、计算机技术，还有超导以及太阳能电池等产业的发展；建立在孟德尔、摩尔根基因理论基础上的育种理论，使农作物品质的优化和产量的大幅度提高；维纳的控制论为当代工程技术奠定了理论基础，并催生出智能生产线。20世纪以来，科学以前所未有的深度和速度促进了技术的创新和突破。在当今世界，任何重大的技术创新都离不开科学创新的支撑，技术的进步不但为生产力也为科学创新提供了新的手段与动力。

科学也改变了人们的世界观。牛顿力学对物质及其运动规律的认识，促进了唯物论和辩证法的产生和发展，并且成为欧洲启蒙运动的思想基础；达尔文进化论揭示出生命发生演化的规律，颠覆了西方人长期信奉的神创论；基因结构与功能的发现，揭示了生物的生殖、发育、遗传、变异的分子基础及变化规律；数学和系统科学揭示了事物复杂表象底下的量变到质变的规律和自然的数量与形态韵律；相对论、量子论深化了人们对快速变化的微小物质世界的认识；天体物理和宇宙大爆炸理论的提出则改变了人类的宇宙观。

科学改变了人们的价值观。科学研究表明，土地等自然资源和生态环境容量都是有限的。知识经济的发展又证明，单纯依靠资本和熟练劳动无法保持竞争力，知识成为创造新财富的核心与基础。当今美国引发的金融危机也说明仅仅靠虚拟经济、投机操作，离开科技进步对实体经济的支持，经济增长同样也是难以为继的。创新已经成为一个国家、地区和企业兴旺发达的不竭动力，知识已经成为当今世界取之不尽、用之不竭的资源。当然其关键还是创造知识的人，以科教兴国为己任，以创新为民为宗旨，应该是当代中国科技工作者的价值观的核心。

在知识经济时代，科技的价值内涵还在不断扩大。科学技术是对客观世界系统的认识，是正确的世界观、认识论和方法论的基础；是工程和管理创新的源泉与基础；是第一生产力，是经济健康持续发展、社会和谐进步的知识基础和根本的支撑；也是公共安全和国家安全能力的保障。

科学技术是先进文化的重要组成部分，也是重大决策和立法的重要依据，是创造就业和解决贫困的重要手段，是科学教育和终身学习的主要内容，是人类生存与发展以及人与自然和谐相处的基石，是人类文明可持续发展的不竭动力，更是人类文明永不枯竭、不断发展的最重要资源。

科学技术还改变了人们的发展观。地球科学的进展在消除了人类对于自然的恐惧的同时，也告诫人类地球系统的复杂性和脆弱性，警示人类：我们只有一个地球，要爱护这个地球。1962 年，美国海洋生物学家蕾切尔·卡逊出版了《寂静的春天》这一著作，抨击了传统粗放式工业生产对环境的破坏，开启了环保运动的先河。环境科学的发展，揭示出自然环境的承载力是有限的，有些破坏是不可逆的，人类应该"敬畏"和尊重自然。科学的进步提出了可持续发展的思想，使人类的发展观经历了从认知自然、开发自然到与自然和谐、协调发展的进化。党中央科学总结世界各国现代化发展历程和中国发展的经验教训，提出了以人为本、全面协调可持续发展的科学发展观。

二、科学的精神

科学精神是人类文明中最宝贵的精神财富，它是在人类文明进程当中逐步发展形成的。科学精神源于近代科学的求知求真精神和理性与实证传统，它随着科学实践的不断发展，内涵不断丰富。科学精神集中体现为追求真理、崇尚创新、尊重实践、弘扬理性。科学精神倡导不懈追求真理的信念和捍卫真理的勇气。科学精神坚持在真理面前人人平等，尊重学术自由，用继承与批判的态度不断丰富发展科学知识体系。科学精神鼓励发现和创造新的知识，鼓励知识的创造性应用，尊重已有认识，崇尚理性质疑。科学精神不承认有任何亘古不变的教条，科学有永无止境的前沿。科学精神强调实践是检验真理的标准，要求对任何人所做的研究、陈述、见解和论断进行实证和逻辑的检验。科学精神强调客观验证和逻辑论证相结合的严谨的方法，科学理论必须经受实验、历史和社会实践的检验。

科学精神的本质特征是倡导追求真理，鼓励创新，崇尚理性质疑，恪守严谨缜密的方法，坚持平等自由探索的原则，强调科学技术要服务于国家民族和全人类的福祉。

在人类发展历史上，科学精神曾经引导人类摆脱愚昧、迷信和教条。倡导摆脱神权、迷信和专制的欧洲启蒙运动的主要思想来源于科学的理性精神。科学精神所倡导的崇尚理性、注重实证和唯物主义在推动欧洲国家由封建社会向宪政社会过渡中发挥了重要的作用。

在科学技术的物质成就充分彰显的今天，科学精神更具有广泛的社会文化价值。注重创新已经成为最具时代特征的价值取向，崇尚理性已成为广为认同的文化理念，追求社会和谐以及人与自然的协调发展日益成为人类的共同追求。在当代中国，富含科学精神的解放思想、实事求是、与时俱进，已经成为党的思想路线，成为我国人民不断改革创新、开拓进取的强大思想武器。

科学思想和科学精神已成为先进文化的基础；倡导实事求是、追求真理已成为全党、全社会的共识；尊重劳动、尊重知识、尊重人才、尊重创造，不断丰富和发展着社会主义文化；讲科学、爱科学、学科学、用科学已经成为社会风尚。当然，在这方面我们比起发达国家来，还有一定的距离，还要继续努力。

科学与幻想的碰撞①

如果回望工业革命以来的科技史，我们时常能在科技进步之外，看到科幻的影子。甚至将科幻称为科学的孪生兄弟也不为过。潜水艇、磁悬浮列车、航天飞行与登月、大数据……科技的进步，让许多科幻作家笔下的未来世界逐渐成为现实。随着科技成果对民生的改善和公众科学素质的提高，科幻逐渐深入人心，成为美好的科学梦想，展现着引人入胜的魅力。

正如科幻出版先驱雨果·根斯巴克（Hugo Gernsback，1884—1967）在 1926 年创办世界上第一份科幻杂志《惊奇故事》的时候，为刊物定下"欢迎有科学根据之小说"的基调那样，科幻一直

① 本文为《知识就是力量》杂志 2015 年第 7 期卷首语。

致力于以公众容易接受的形式描绘科技发展可能的走向，想象这些进步对人们生活的影响。雨果对科幻的开拓性尝试启迪启蒙了一代又一代作者和读者，以他命名的"雨果奖"至今依然是科幻界最著名的科幻小说创作奖项。

而助推美国科幻文学进入"黄金时代"的另一位伟大的科幻编辑约翰·坎贝尔（John W. Campbell Jr.，1910—1971），承袭了雨果的思路，将"用理性和现实的手法描写非现实题材"视为选稿最重要的标准，追求科幻作品中科技内容的"考据功夫"，以至于一篇二战期间发表的关于原子弹的小说，竟然被误认为是泄露了美国研发原子弹的"曼哈顿计划"的秘密。这个虚惊一场的故事，从一个侧面说明，高水平的科幻不仅能洞悉科技创新的方向和未来，而且离科技本身也并不遥远。

在"预言"科技发展趋势，乃至"反哺"科学、启迪创新之外，科幻还将思考拓展到了科技影响和改变人类生活这一层面。当科学家们预言汽车和飞机的时候，优秀的科幻作家已经在作品中预言了堵车、车位紧张和劫机案等。在载人航天时代到来之前，罗伯特·海因莱茵（Robert. A. Heinlein，

1907—1988）曾刻画了很多供职于月球城市和地月航线的"未来上班族"，描绘他们在没有空气和失重的艰苦环境中的奋斗和牺牲，甚至为昂贵的"星际电话费"而不时纠结。这些凭借超前眼光，对人与科技的相互关系进行的深刻思考和想象，仿佛打开了一个又一个科学之窗，把未来世界的悲喜展现在我们面前。

科幻创作者甚至还将"放大镜"和"望远镜"聚焦于对科学技术的过度滥用，或是科技可能带来的社会问题的反思上，警醒并赋予人类"防患于未然"的可能性。于是，科幻超越了本身具有的休闲娱乐功能，更鲜明地传递出创作者对当下的关注，对未来的预期、渴望或忧思。

好科幻小说的这种品格和气质，使它在传播科技知识，提升公众科学素养，启迪创新梦想等方面，具有独特的价值。1962 年，英国著名科幻作家阿瑟·克拉克（Arthur C. Clarke，1917—2008）获得有"科普界诺贝尔奖"之誉的联合国"卡林加科普奖"。这足以说明科幻在科普传播方面的价值，已得到世界各国的普遍承认和重视。

早在 1903 年，鲁迅先生在翻译儒勒·凡尔纳

（Jules G. Verne，1828—1905）的科幻小说《月界旅行》（《从地球到月球》）时，也曾在序言中表达了类似的观点："导中国人群以行进，必自科学小说始。"他相信，科幻小说有可能以公众更乐于接受的方式传播科学，并成为开启民智和引领中国社会进步的钥匙。

科幻在科普方面的价值，正是《知识就是力量》杂志为科幻开辟出一片"阵地"的缘由所在。无论是追逐尖端科技，畅想未来世界，还是探讨科技与社会的关系，都有助于引导人们，特别是青少年读者进一步发现科学之美，进一步解放自己的想象力和创新思维。青少年时期读到的科幻佳作，无异于在心中播下热爱科学和探索科学的种子，点燃科技创新创造创业梦想的火炬。而在你们——中华民族的青少年之中，就有着开创未来科学的大家！工程技术发明创造的大家！创新创业，为实现中华民族伟大复兴的中国梦做出杰出贡献，乃至改变人类文明进程的大家！

图书在版编目（CIP）数据

呼风唤雨的世纪 / 路甬祥著. -- 武汉：长江文艺
出版社，2024.6（2024.9 重印）
ISBN 978-7-5702-3572-8

Ⅰ. ①呼… Ⅱ. ①路… Ⅲ. ①科学技术－技术史－世
界－青少年读物 Ⅳ. ①N091-49

中国国家版本馆 CIP 数据核字(2024)第 082025 号

呼风唤雨的世纪
HUFENGHUANYU DE SHIJI

责任编辑：陈欣然   责任校对：毛季慧
封面设计：天行云翼·宋晓亮   责任印制：邱　莉　王光兴

出版： 长江出版传媒 | 长江文艺出版社
地址：武汉市雄楚大街 268 号　　　　邮编：430070
发行：长江文艺出版社
http://www.cjlap.com
印刷：黄冈市新华印刷股份有限公司

开本：640 毫米×970 毫米　　　1/16　印张：7.5　　插页：4 页
版次：2024 年 6 月第 1 版　　　2024 年 9 月第 2 次印刷
字数：56 千字

定价：22.00 元

版权所有，盗版必究（举报电话：027—87679308　　87679310）
（图书出现印装问题，本社负责调换）